suncolor

非主流 ╳ 破框架 ╳ 去單一

首度完整直擊One Sony全球戰略的祕辛

SONY重生

索尼集團資深顧問
平井一夫 著
葉廷昭 譯

suncolor
三采文化

前言——我與前任經營者的約定

「你是如何重振索尼的？」

我退出經營層已經三年，還是有不少人來問我這個問題。

各大媒體也提出了分析，他們說我擇優汰劣，只把資源挹注在賺錢的事業上，並且重新制定商品策略，改善企業的成本結構等等。

這些說法也沒錯，但我認為沒有切中要害。

當時底下的員工都失去自信，無法發揮該有的實力。

如何激發他們心中的「熱忱」，徹底發揮整個團隊的實力，這才是真正的關鍵所在。

從某個角度來說，激發員工熱忱是身為一個領導者最基本的作為。過去的經驗告訴我，謹守這個原則才有辦法重振企業。

而我撰寫本書，也是想透過索尼浴火重生的故事，讓所有領導者和企業家都了解這個道理。

我有三次重振企業的寶貴經驗，改革索尼也包含在內。我也深刻體認到，領導者需要極高的ＥＱ（情緒商數）和底下的人培養信賴關係，一同面對困境。戰術戰略固然重要，但光靠這些東西無法重振組織。

過往的人生經歷和職涯，也造就了我這樣的觀念。

年少時我多次旅居海外，走到哪裡都被當成「異鄉人」。過去索尼也給人一種側重電子事業的印象，我卻在音樂和電玩這兩個次要領域，過著和競爭無緣的生活。

這種非主流的人生經歷，就是我這套領導哲學的根基。

因此，我不會直接切入經營的大道理，而是先回顧我的人生，用文字重現過往的經歷，讓各位明白我如何領悟那些道理。當然，我會盡量用寫實真切的筆觸，來描述這一切。

現今有很多企業和組織都失去了衝勁。希望這本書可以幫他們找回過去的榮耀，如此我也深感欣慰。

二〇二一年六月

平井一夫

目錄

第2章　第一個挑戰——支援PS（PlayStation）

第3章　第二個挑戰——索尼衝擊（Sony Shock）

第4章　第三個挑戰——技術過剩、感動過低的盲點

第5章　改革之路

第6章　重生脈動

終章　畢業

序章

約定

三十四年前的回憶

有時候，我們會突然想起人生中的某一段經歷。

相信不少人都有類似的經驗吧。那些經歷也不是珍藏在心底的回憶，但就好像以前看過的電影情節一樣，毫無預兆地浮上心頭。過去的所見所聞，全都在腦海中鮮明重現。當初我體驗到的就是這種感覺。

我還記得，那是二〇一八年四月的某一天。是日，財務部門的幹部召開會議，討論上一年度剛決算完的財務報告。

我扛起社長大任已經六年了。這六年來，我帶領著聲勢大不如前的索尼，日子一眨眼就過去了。在那個當下，我也決定要退位了。換句話說，我擔任社長奮鬥的這六年，是非功過將在這一刻決定。

CFO（財務長）吉田憲一郎先生也有露面，他是我誠摯相邀才請來的好夥伴，十時裕樹先生也有到場。十時先生是我和吉田先生都很信賴的人才。

「這是上一年度決算數據。」

投影出來的資料上，合併營業利益那一欄的數字是「七三四八六〇」，單位是百萬元，所以是七千三百四十八億日元。自一九九七年以來，事隔二十年，索尼終於打破了以往的最高收益紀錄。

「好不容易走到這一步啊……」

我心裡有一種很奇妙的感受，稱不上安心感或成就感。六年前，我在最艱困的時刻當上了索尼社長，這一切恍如昨日，又好像已經過了好久好久。

我帶領索尼也不是一味追求業績。不過，文件上印出來的冰冷數字，確實喚醒了我許多的回憶。

「平井又不懂電子事業，他哪幹得了社長啊？」

「索尼的電視會先停產，還是平井會先下台，我們就等著看好戲吧。」

「索尼要被蘋果收購了啦。」

「不斷裁員的索尼，未來肯定完蛋。」

自從我二〇一二年當上社長，類似的誹謗和批評就從沒間斷過。吃了這麼多的苦，總算得到回報了。真的是感觸良多啊。

那一刻，我想起了市谷大樓窗外的景色。

「給我聽好了。對公司來說，你們這些新員工純粹是負擔，因為你們的工作能力，根本不值那個薪水。所以，請好好努力，報答公司對你們的栽培。」

這段話是CBS・索尼（現在的索尼音樂娛樂）社長松尾修吾說的，我記得那是一九八四年四月的事情。

「是，我們會好好努力！」

我一個新加入的菜鳥，也只能說出這種司空見慣的話來。旁邊的女同事也是菜鳥，跟我一樣低下

在 CBS・索尼任職的作者（1988 年）

頭來。社長會對每一個單位的新人訓話，被分配到「外國部門」的，只有我和那位女同事，她也是我後來的人生伴侶。

當年我才二十三歲，大學剛畢業，社長本人的訓示我也沒聽進去，大人物講的大道理實在很難打動我。那時候松尾社長坐在椅子上，從他身旁的窗戶看得到鐵路邊的釣魚場，我就看著釣魚場發呆。

外頭春暖花開，但風還是有點涼，釣客就在那樣的天氣下釣魚。櫻花樹上的花蕾也隨風搖曳。

然後，一晃眼三十四年過去了。

我在索尼的最後一場決算會議，為什麼會想起那個光景呢？我聽著底下的人報告，在心底對松尾先生說道。

「松尾先生，我總算報答公司的恩情了。」

三次重振企業

現在回過頭來看，我的職場生涯真的不太順遂。以前求學時很喜歡音樂，所以才選擇加入CBS．索尼。我每天忙著推廣海外藝人，還要擔任他們的翻譯。母公司索尼也一躍成為全球頂尖的電子大廠，但總覺得這跟我沒關係。

應該說，我甚至沒把索尼當成母公司。CBS．索尼的辦公大樓在市谷區，母公司的辦公大樓在五反田，兩邊相隔應該有十公里吧。就這短短的十公里，「母公司的總部」在我眼中就像另一個世界一樣。我只認為自己工作的地方，剛好有「索尼」這兩個字。

音樂界的工作非常有趣。不過，我一向把私生活和工作分得很清楚，結婚後我在宇都宮的郊外買了房子，那裡離公司很遠，我每天都搭新幹線通勤。放假我就開愛車去兜風，或是自己組裝遙控車，拿去附近的公園玩。我對出人頭地不感興趣，要對企業做出貢獻，也不是一定要位高權重才行。

只是在各種因緣際會之下，我無意間當上了索尼的社長。人生真的是很奇妙。差不多在我三十五歲的時候，公司派我去美國支援 PlayStation 的事業。本來聖誕旺季結束我就該回歸音樂界，沒想到情況不允許，我被調到舊金山郊區的索尼電腦娛樂美國分社（SCEA）。

我在那裡見識到毫無組織紀律、人際關係千瘡百孔的職場。每天都要聽底下員工訴說他們的煩惱，我都懷疑自己是不是心理醫生了。

從整個索尼集團的角度來看，我帶領的只是一個微不足道的小工作室。不過，那段經歷是我成為企業家的第一步。事實上，我在那裡學到的教訓，造就了我日後的經營哲學。關於這一點容後表述。

我在 SCEA 認識了久多良木健先生，他是被喻為「PlayStation 之父」的鬼才。後來公司打算把我調回東京，擔任索尼電腦娛樂的社長（SCE，現在的索尼互動娛樂），那時我已經快四十六歲了，我記得那是二〇〇六年十二月的事情。

我的人生不斷往返於美日兩地。想當年，我在舊金山灣岸的福斯特城

（Foster City）落地生根，根本沒料到公司會把我調回日本。我們全家召開家庭會議，正值青春期的女兒問我「What's your point?」（跟我有什麼關係？），所以我決定把家人留在美國，自己回去東京。

回到東京我才發現公司狀況危急，容不得我喘息。我接下久多良木先生的位置後，首要之務是重振剛發售的「PlayStation 3」業績。我一當上索尼電腦娛樂的社長，就得處理兩千三百億日元的巨大虧損，承擔公司內外的猛烈炮火。總部的高層還打電話來，罵我是不是想搞垮索尼的招牌。

不消說，索尼是靠家電產品揚名國際的企業。隨身聽和彩色電視的巨大成功，也讓員工產生了「索尼主打電子專業」的觀念。我本人在加入索尼以前，也很喜歡用索尼的產品。我一開始任職的音樂公司，原本也是要強化音響產品才設立的。

綜觀整個索尼集團的業務，我過去從事的一直是「非主流」的工作，像我這樣的人竟然在二〇一二年初，被指派為索尼的社長。

當時索尼的總部遷到品川，我出入總部的機會也變多了，但我只感受到索尼這間公司的氣勢和衝勁已經大不如前。明眼人都看得出來，主流的電子事業失去了往日的企圖心。

前任社長霍華德・斯金格（Howard Stringer）一再重申「Sony United」的概念，但這樣的概念並未打動底下的員工。疲弱不振的不只是電子事業，電影、音樂、金融等主力部門也各自為政。當然我自己也有要反省的地方，例如開發 PlayStation 的索尼電腦娛樂，雖然有超越母公司的氣魄，卻也沒有成為 Sony United 的一員。

電子部門多年來一直是索尼的金字招牌，如今卻連年虧損，淪為索尼沒落的象徵。

當年這個雇傭十六萬人的巨大組織，逐漸走向分崩離析的結局。這是我當上社長後看到的狀況，也是我最真誠的感想。我先後重振了索尼電腦娛樂美國分公司，還有索尼電腦娛樂，現在又被叫來重振公司，這都第三次了。我的職涯說來也坎坷，都是公司出問題才受到重用。

「再這樣下去公司會倒」

當年有一件事令我印象特別深刻。有一天，某個員工對高層介紹新推出的電視，我就坐在台下聆聽。在所有的電子商品中，電視是非常重要的商品。可是，員工在介紹新產品時有氣無力，一副心不在焉的模樣。

我甚至覺得，那名員工也知道自家商品缺乏競爭力，但該做的工作不得不做，才隨便做一做交差了事。外觀做得又醜又笨重，我問他，這種產品足以和三星對抗嗎？他也給不出明確的答覆。

「這種產品打動不了消費者啊。」

另一位高層也頗有微詞，台上的員工趕緊顧左右而言他，接著往下講……

我要先聲明一點，我不認為那名員工有錯，當時整個索尼集團失去了榮耀與自信，這種事情三天兩頭都在發生。

索尼的創辦人，是井深大先生和盛田昭夫先生這兩位偉大的創業家。他們的夢想打動了許多優秀的員工，協助他們一起創造宏圖霸業。

戰後日本經濟從一片斷垣殘壁中奇蹟復甦，索尼儼然是日本經濟復甦的象徵，多年來一直為人津津樂道。

日本戰敗後不到半年的光景，井深先生和盛田先生寫下了東京通信工業（索尼的前身）成立宗旨書，上面寫道「要創造一個自由豁達，氣氛愉快的理想工廠」。先人留下偉大的理念，這理念究竟是哪裡走偏了呢？

前輩們把索尼打造成一個世界知名的大企業，我知道這樣講會惹他們不高興，但我是很認真思考這個問題。看著那個員工在台上介紹新產品，被底下的高層問到無言以對，我心裡想的是「再這樣下去公司會倒」。

重振索尼這一趟驚心動魄的冒險之旅，對我

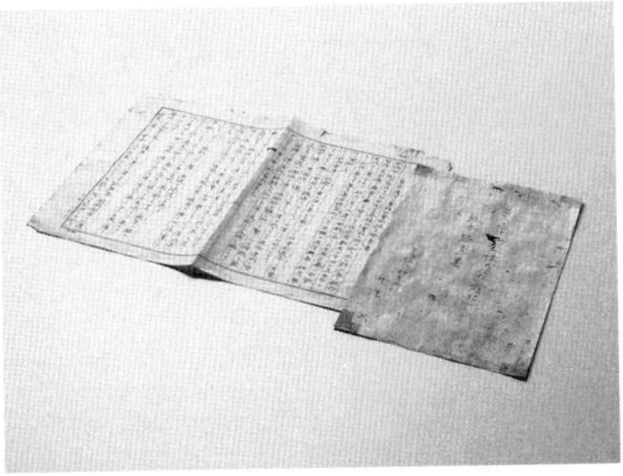

東京通信工業股份有限公司的成立宗旨書（1946年）

【圖表一】索尼業績變動（單位：億日元）

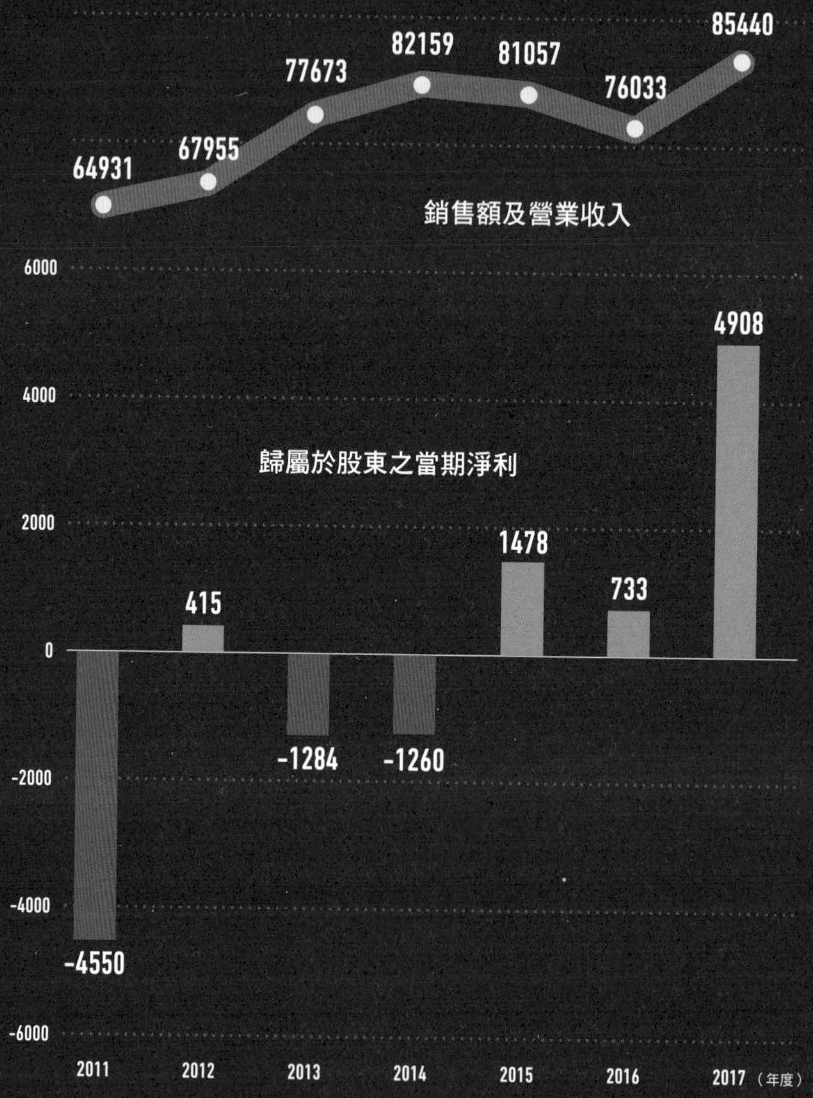
64931
67955
77673
82159
81057
76033
85440
銷售額及營業收入
6000
4000
2000
0
-2000
-4000
-6000
歸屬於股東之當期淨利
-4550
415
-1284
-1260
1478
733
4908
2011
2012
2013
2014
2015
2016
2017（年度）

來說從那一刻就開始了。事後回過頭來看，我擔任社長的那六年，總算把索尼重塑成一個有衝勁的企業。我會藉著這部著作，告訴大家那段故事。

不過，有件事我要先說清楚。我用的不是什麼高明的策略或方法，純粹是用很自然的方式去實踐一些稀鬆平常的道理罷了。

索尼的員工本來就具備高度的熱忱和才華，我做的一切只是要激發他們的潛能，發揮到淋漓盡致的地步。而這樣的觀念，跟我過去從事「非主流」業務也大有關聯。

很顯然，我不是井深先生或盛田先生那樣的英明領導。我剛當上社長時，索尼的創業元老還當面數落我，說我不配當索尼的社長。誰叫我過去不在主流部門，而且也沒有力爭上游的欲望。

像我這樣的人，如何在重振索尼的大工程中，做出一點微薄的貢獻呢？這一切的出發點，要從我小時候在紐約待的一間公寓說起。

第 1 章

不是日本人的日本人
── 異端經營學的源起

舉家搬往紐約

「爸爸這一次被外派到紐約了。」

我剛升上小學一年級時，在銀行工作的父親對我說出了上面這句話。我根本不知道紐約是什麼地方，爸爸說是美國的大城市，但我連外派的意思都搞不懂。

「美國？紐約？外派？」

一次來三個我沒聽過的字眼，我的小腦袋完全理解不了。於是，父親攤開世界地圖耐心教導我。

「聽好嘍，一夫。美國在這裡，紐約就在這個大國家的東邊。」

的確，跟地圖上的日本相比，美國真是一個巨大的國家。

「是喔？我們都要去那裡嗎？」

我還體會不了這個現實，一家人就從東京杉並區的下井草搬往紐約了，我記得那是一九六七年的事。

我們住在紐約的皇后區，那裡一直有很多移民。美國號稱是人種的大熔爐，皇后區的人種更是多樣。當然，日本人算是少數。

現在皇后區治安改善不少，但那個年代有很多可怕的犯罪事件。有一部老電影叫《來去美國》（Coming to America），片中艾迪・墨菲（Eddie Murphy）扮演的非洲王子，就是搬到皇后區尋找結婚對象。那一部電影把皇后區拍成垃圾滿地、充滿肅殺之氣的地方。而我居住的皇后區，比電影中描述的情境還要再落後二十年。

皇后區的高速公路旁，有一座茶色的大型住宅區叫「法拉盛」（LeFrak City），我們一家就搬到那裡生活。「法拉盛」至今依舊存在，算是美國典型中產階級的集合式住宅。

我到現在都還記得，自己第一天去上學的回憶。一個不會英文的小孩子上學，根本就是去異世界冒險。母親替我想了一個辦法：她交給我三張卡片，上面各有一句英文。

母親告訴我這三張卡片的意思。第一張寫的是「我想上廁所」，第二張是「我人不舒服」，第三張是「請聯絡我父母」。

「聽好嘍，一夫。想上廁所時，你就把這張卡片拿給老師看；身體不舒服時，就拿這張……」

我第一次去美國學校上學，脖子上還掛了三張卡片，模樣十分古怪。話說回來，母親考慮得很周詳。事實上，真的有小朋友想上廁所不敢說，直接尿在褲子上，成為全班同學的笑柄，再也不敢去上學。

不過，我把那些卡片拿給老師看，也不記得老師為我做過什麼。母親的點子雖好，在美國卻沒什麼效果。

上了幾天課，我還是聽不懂周圍的小朋友說什麼，老師講的話我也一樣聽不懂。我適應不了那個環境，卻又無處可逃。小時候去海外念書的人，應該都有同樣的經歷，那是一種強烈的孤獨和無力感。

班上只有一個小男生也是東方人，說著一口流利的英文，我也不曉得他是日本人還是日裔的美國人。有時候他會來幫助我，但小學一年級的小朋友，肯定把

【圖表二】紐約 LeFrak City 地圖

玩樂看得更重要。他也不可能一直陪我，基本上大部分的事情我還是得自己來。

很多派駐海外的父母，看到小孩面對這樣的困境，也不太當一回事。他們認為小孩學語言很快，忍一下就過去了。可是，對小孩來說，那段無能為力的時光真是度日如年。我自己就是那樣，有話想說卻說不出的痛苦，我才六歲就深有體會了。

我年紀雖小，也明白自己來到了一個很難熬的地方。現在這個年代有不少歸國子女，上述的現象也是滿多人都有的經歷。然而，一九六〇年代幾乎沒什麼人派駐海外，當父母的也是一個頭兩個大吧。

「異類」

好在我碰到了轉機。有一次我到公寓陽台，住隔壁的小男孩剛好也到陽台，兩家的陽台只隔了一塊板子。我忘記是誰先開口，總之兩個孩子比手畫腳，勉強達成了交流。

這是我第一次和文化殊異的對象交流，聊什麼我已經不記得了。應該說，那時候我連英文都不太會講，也不算真的「聊天」。姑且不論我們交流的方式，反正交流成立了。

我從小就不斷在「異域」徘徊，直到四十年後索尼的棒子交到我手上，也始終如一。所以身為一個「異類」，我有獨到的看法和見解，也樂於將這些思維融入經營之中，我個人稱之為「歧見」。

如何找出歧見，昇華成經營策略，這是我經營哲學中最重要的思考方法。歧

年幼的作者（左邊）和弟弟

見這種思維，不是你被動等待就會從天而降，領導者必須積極去尋找才行。

大家常說領導者要有高度的溝通能力，其實不只溝通能力很重要，沒有高度的「EQ」（情緒商數）是不行的，我反倒不看重「IQ」。如果不能讓底下的人暢所欲言，就聽不到真正的歧見。

尤其身居高位以後，底下的人也不太敢對你說出歧見。因為我有這樣的信念，所以始終勸戒自己當一個高EQ的人。

回到主題，當時我在陽台和鄰居溝通的一幕，被母親撞見了。母親似乎知道隔壁是一戶單親家庭，剛好又看到兒子第一次用英文跟別人溝通，便想到了一個好主意。她邀請隔壁的小男孩來我們家，陪我一起玩耍。

小男孩的母親也不放心孩子一個人看家，讓兒子到鄰居家玩反而安心。我還記得，母親到皇后區的日本商店購買札幌一番泡麵，給我們當點心吃。當年札幌一番才發售沒多久，母親用最新潮的日本食物，來招待兒子好不容易交到的朋友。過了這麼久，我還是很感謝母親的貼心安排。

後來，我常和那小男孩一起玩，英文也進步神速。起先我只會講一些破英文，但講越多進步得也越快。

到了十月底萬聖節時期，我跟其他小朋友對話也沒問題了。那是我人生中第一次發現新天地，也是我學習融會貫通的第一步。

從那以後，英文對我不再是困擾。原本形同異世界的皇后區，也漸漸地變成我熟悉的世界了。

一個漢堡的緣分

聊個題外話，我剛搬到皇后區的頭兩年，也有一戶日本家庭搬來同一個住宅區。他們家的大人都在日本航空（JAL）高就，兒子小我一歲，小名阿忠。我和阿忠很快就成為朋友，幾乎每天玩在一塊兒。

下雪時，我們會拿著雪橇衝出家門，一直滑到天黑才回家。附近有一家漢堡專賣店叫「白色城堡」（White Castle），那裡的漢堡才賣十美分。

當年一美元兌換三百六十日元，兩國的物價跟現在也完全不一樣，但小孩子的零用錢也買得起那家店的漢堡。我們常去買漢堡來吃，那漢堡的滋味我到現在都還記得。

我和他都是突然被帶到陌生國度的異鄉人，飽嘗很多無法對父母訴說的委屈。儘管學會了英文，也交到了當地的朋友，但終究是少數民族。有人直接罵我們「小日本」，是偷襲珍珠港的無恥之徒，明明我們還只是小學生。我和他承受了許多類似的難過回憶。

那是一九六〇年代末期，非裔美國人爭取民權的運動，在社會上還有一絲影響力。

知名的金恩牧師，發表過一篇名垂青史的演說，叫「I have a dream」（我有一個夢想）。不料我搬來皇后區的隔一年，他就被暗殺了。

美國至今還是有種族歧視的陋習，而在半個世紀以前，歧視的情緒是更加露骨的。我們小小年紀，就得面對這種不公不義的事情。那個年代的紐約皇后區，確實有這樣的現象。

年幼的我作夢也想不到，在皇后區身為一個少數民族的經驗，對我日後管理企業有很大的影響。

我跟這位童年玩伴，不只有許多快樂的回憶，在日本生活絕對體驗不到的痛苦經驗，我們也深有體會。

四十多年後的某一天，我在機場等待出差的班機。那時我已經當上了索尼的社長，我坐在沙發上，一名機場工作人員跑來找我。

「不好意思，請問是平井先生嗎？」

「呃呃，我就是啊。」

對方問我，認不認識日本航空的西尾先生。一開始我還在思考，西尾先生是誰啊？仔細一瞧，這一帶是日本航空的休息區域，我的童年玩伴好像就姓西尾。對了，他的父母就是在日本航空上班啊……

「很抱歉，請容我請教一個私人問題。平井先生，您小時候是不是在紐約生活過？」

那名工作人員的口吻十分恭敬有禮。

「有，我小時候的確在紐約待過一段時間。」

「其實呢，我們公司的西尾先生，託我轉交一封信給您。」

啊，難不成——

果不其然，寫信給我的正是那位童年玩伴，西尾忠男當上了日本航空的高級幹部。

我立刻拆信閱讀。阿忠說，他在 NHK 上看到重振索尼的特別報導，沒想到當年的小玩伴竟當上了索尼的社長，因此才寫信給我。

看到那一封信，過去在住宅區的種種回憶湧上心頭，猶如河水氾濫一發不可收拾。

我想起了跟阿忠一起去公園玩的遊樂器材，冬天時還扛著雪橇一起爬上坡道，根本不怕寒冷。當然，回憶少不了那十美分的漢堡滋味……

我在機場的休息區緊握信紙，感覺回到了四十年前的過去。

阿忠他，不對、應該稱呼西尾先生才對，我出差完以後馬上聯絡他，兩個人約出來一起吃頓飯，還跑去城崎泡溫泉，話題怎麼聊都聊不完。我們年紀大了，頭髮也白了，還在各自的公司擔當大任，但一聊起童年的海外經歷，真的有聊不完的回憶。

對日本教育存疑

我不是只在紐約當過異鄉人。當我升上小學四年級，已經很習慣美國生活的時候，父親的外派期間結束，要被調回日本工作了。老實說，我回到日本遭受的文化衝擊，遠比我來美國時還要大，畢竟我完全不懂日本學校的特殊規矩。

有一天，我一次繳交了一週分的所有作業，結果莫名其妙被老師責罵。我不懂老師發脾氣的原因，為什麼做一次交不行？老師的答覆也很莫名其妙，他說這裡是日本不是美國，日本有日本的行事作風。

美國就連公立學校也雇用清潔工，我問老師為何掃地工作是學生要做，同樣吃了一頓大排頭。如果他們肯好好說明，我也不是不能理解，但日本老師只會要求學生服從，我從小就很不能接受。不講理又亂發脾氣，直到現在我還是覺得很不合理。

美國和日本的學期有差異，我回日本被安排到小一年級的班上就讀（這才是真正的不合理！）。

好在我當時體格已經發育了，沒被同學欺負，但諸如此類不合理的事情太多了。都回到自己的故鄉了，我卻再一次被當成異鄉人。

現在日本有不少海外人士駐留，可能有的讀者不太能接受「異鄉人」這個字眼。到一個自己不熟悉的地方，會有各式各樣的新發現，也確實是一件振奮人心的事情。這些嶄新的體驗會豐富我們的人生，我就有很多類似的經歷。

可是說句老實話，年幼的我沒有閒情逸致去體會。小小年紀跟著父母去紐約，在那裡學到一口流利的英文，你也可以說我得天獨厚，這是事實。但我也希望各位理解，每一次我到不同的地方生活，也確實受到了不公平的待遇。

在我即將升上日本的中學之前，得知父親要被外派去加拿大的多倫多。父母說加拿大人也是說英文，我去那裡生活一定沒問題。

但我好不容易才適應日本生活，真的很受不了又要重新來過。不過大人做下的決定，我也無能為力，只好跟他們一起到多倫多。當年多倫多沒什麼日本人，我又一次成為異鄉人了。

過了兩年半，我終於適應加拿大的生活，父親又被調回日本了。

退路

於是我想了一個主意。

我受不了在日本的公立學校再當一次異鄉人。況且，為何所有學生都要穿一樣的制服，連髮型都要遵守學校的規定？到底是誰做出這種決定的？理由又是什麼？日本老師說，中學生要有中學生的樣子，這我可受不了。當然，日本學校也有好的一面，但至少當時在我看來，日本學校是一個令人很不自在的地方。

既然如此，有沒有什麼退路呢？

美國和加拿大有專為日本人開設的補習學校，平日就讀當地學校的日本小朋友，假日可以去那裡接受日本教育，以免回國後適應不良。美國和加拿大有替日本人開設補習學校，那麼日本也有替美國人開的補習學校吧？我調查後發現，日本果然也有美國學校。

我心想這是唯一的辦法了，但那裡的學費貴到嚇死人。可是，我真的很不想念日本的學校……我老實對父母說出自己的心思，幸好父母也答應我的要求。

中學三年級我從加拿大回到日本後，就讀東京都調布市的「日本美國學校」（American School in Japan American School in Japan, ASIJ），總算得償所願。從西武線的多摩車站走一小段路就到了，學校裡簡直就是一個小美國。我很慶幸自己央求父母，讓我念那間學校。我中小學幾乎都在美國和加拿大度過，念美國學校我完全沒有適應不良的問題，真是最棒的環境了。

可惜，就在我以為自己找到安身之所時，父親又被外派舊金山了。這是第三次要搬去美國，怎麼又來了？高中我想繼續念日本美國學校，不想離開這個難得

Kazu...photomania...Japan Sem...mature...quiet...vests...
fluent Japanese...lives in AV room...MRC...sophisticated...
computer...wrestler...intelligent...returnee...unique walk...
slim...car freak...
"Unforgettable words are seldom remembered."
The Wizard of Id
Kazuo Hirai
December 22, 1960
Tokyo, Japan

日本美國學校的畢業紀念冊

的好環境。

我又跑去找父母商量，父母答應讓我念到高一暑假，這段期間就住親戚家。但之後要到舊金山念一年高中，等高三夏天再單獨回日本念日本美國學校。

父母大概以為，只要我去舊金山念一年高中，就不會吵著要回日本了。其實我很想以一個日本人的身分在故鄉生活，我純粹是討厭日本學校，比較喜歡日本美國學校罷了。

就這樣，我高三那一年又回到日本。雖然我一直往來於太平洋的東西兩側，但我已經對自己的國族有很強烈的認同感。

所以，我想在日本落地生根，大學當然也要在日本念了。應該說，我已經有想念的大學了。日本美國學校附近有一座大型公園，名為野川公園。走過那一座公園，就是國際基督教大學（ICU）了。我偶爾會散步去那裡看看，那一所大學有很多留學生和歸國子女，於是我不假思索就決定去念那裡了。

在日本生活

對我來說，國際基督教大學同樣是最棒的環境。學校裡的日本人，有人跟我一樣來自日本美國學校，也有來自海外高中的歸國子女。當然，也有來自日本學校的同學。而且還有來自世界各國的留學生，真的是文化大熔爐。比起美國和加拿大，國際基督教大學才是真正最多元化的地方。

聽他們的人生經歷，遠比看書或上課學到的知識更加受用。了解自己有多無知，是我就讀國際基督教大學最大的收穫。所以我遇到事情，總會反省自己是真懂還是假懂。日後我身居高位，也時時警惕自己不要不懂裝懂。這個好習慣就是大學時代養成的。

我的大學生活除了念書以外，還有很多課外活動。不對，應該說這些課外活動才是主體。我從小就很喜歡機械，尤其喜歡汽車。順帶一提，我現在對汽車還是情有獨鍾。我辛苦打工存了一筆錢，汽車是我用薪水買的第一樣東西，這我永遠忘不了。

我買的是馬自達（Mazda）「RX-7」金屬綠車款，這是一款搭載轉子引擎的名車，而且還是SA型，在愛車族間風評極佳。我買的是二手車，要價八十八萬日元。車子開起來挺耗油，但非常帥氣，我經常蹺課開車兜風。

年輕人愛玩嘛，我也常常跟朋友一起去六本木的俱樂部，在那個年代還稱為

作者和愛車 RX-7（在國際基督教大學內拍攝）

迪斯可。

其中一位玩伴叫約翰・卡畢拉，我們都念日本美國學校和國際基督教大學，他大我兩個學年，也比我早進入CBS・索尼任職。我和他在大學園遊會上，也辦了迪斯可舞會供大家玩樂。

對了，我買車和玩樂的費用，是擔任英語會話講師賺來的。日本美國學校放學後開設了英語會話課程，這一段打工經驗帶給我許多意想不到的好處。來上課的大多是小朋友，每個月家長也會來參觀一次。家長來參觀的那天，我會思考如何讓家長樂在其中，想出一套家長也能認同的教學方法。

多年後我出社會工作，大家都說我很擅長簡報。老實說，我不太喜歡在人前說話，純粹是不得不為罷了。不過，擔任英語會話講師的經驗，讓我學到了簡報的基礎。

首先你要熟悉自己的簡報對象，弄清楚該表達的重點，這項技能對我的工作很有幫助。當然了，那時候我只當成一個玩樂的收入來源。

我平常去大學都會先到D館，正式名稱是迪芬道夫紀念館。這一棟紀念館的一樓有小賣店和休息區，是我們幾個好友聚會的地方。樓上有話劇社和其他社團，經常會傳來發聲練習的聲音。坐在椅子上和朋友閒話家常，就跟日本其他大學的年輕人沒兩樣。

小時候我在異國遊走，現在終於找到自己的歸宿了。我大學生活過得很愜意，但未來要怎麼過我已經決定好了。

我要以日本人的身分，在自己的祖國生活。

我是個日本人，頂多在海外生活的時間長了一點，會有這樣的結論也理所當然。不過，我當時很認真思考這個問題。我不是長年在海外定居，而是往返於日本和國外，走到哪裡都被當成異鄉人。

走到哪裡都是少數族群，而且在不同的國度，人家看待我的眼光也不一樣。小學一年級我去紐約皇后區，被美國人罵小日本；小學四年級回來日本，又被老師罵不要把美國那套搬來這裡。後來我搬去加拿大，再從加拿大回來日本，住沒多久又去舊金山，同樣住一陣子又回來日本。

我嚮往的國際基督教大學，也有沒在海外生活過的「純種日本人」，我卻不屬於任何一種。我總是抱著冷眼旁觀的心態，看待那些身居「主流」的人群。

前面也說過，我確實不喜歡日本的教育體系和行事作風，甚至可以說是厭惡。然而，在日本生活才是最自然的，海外生活我已經體驗夠了。

父親的建言

終於我要開始找工作了，也有一些公司決定雇用我。經過多方考量，我決定在日產汽車和 CBS・索尼之間取捨。

誠如前述，我真的很喜歡汽車。如果要把興趣當成工作，我一定毫不猶豫選擇日產。

但我也喜歡音樂，CBS・索尼就是現在的索尼音樂娛樂。顧名思義，那是美國 CBS 和索尼共同出資組成的公司。

也到了不得不做出決定的時候，該選一家公司效力了。剛好父親回到下井草，我稍微談到自己舉棋不定。他叫我坐到他面前，還倒了杯啤酒給我。很像電影或電視劇裡，父子坐下來喝酒談心的場面。

我說出自己猶豫的原因，父親很坦白地告訴我，應該要選 CBS・索尼。他說的理由我到現在都還記得。

「我跟你說，等你在日產汽車幹到課長，就只能去非洲賣吉普車了啦。」

各位在汽車界工作的朋友，我知道這話聽起來很失禮，但請你們體諒一下，這是父子私底下的對話。父親想表達的是，普通人不會買好幾十台汽車，汽車市場早晚要飽和的。

事實上，還是有很多消費者追求便利的車子，市場也越做越大。這個產業有很多的變化和創新，好比電動車、燃料電池車或自動駕駛車等等。況且，吉普車是美國克萊斯勒的主力商品，跟日產也沒關係。父親只是打個比方罷了。

此外，父親還給我另一個建議。

「聽好嘍，今後的世界，軟體有無限的可能性。」

CBS・索尼的音樂事業正好是軟體。順帶一提，現今索尼被稱為複合企業，當初 CBS・索尼是他們設立的第一家軟體公司。

一九八三年的時候，電腦這個字眼意味著大型計算器，微型電腦的概念也才剛出現在報章雜誌上。當年人們的注意力都放在硬體上，父親早已洞悉軟體的發展性。且不論他用的比喻是否恰當，至少他的慧眼令人佩服。

於是乎，我進入了CBS・索尼就職。

CBS・索尼

我在一九八四年加入索尼，當時索尼已經是世界知名的大廠牌了。儘管在錄影帶規格大戰中，索尼的Betamax敗給了日本勝利公司的VHS，但特麗霓虹彩色電視和隨身聽等產品，替索尼打響了世界級的知名度。

順帶一提，隨身聽是在一九七九年發售的，也就是我加入CBS・索尼的前五年。索尼創辦人盛田昭夫對商品名稱自有堅持，這種堅持還成為市場上膾炙人口的傳說。

隨身聽（Walkman）的英文並不是正統英文，而是日式英文。本來在英國要以「Stowaway」的名稱發售，這個英文有偷渡者的涵義。在美國則打算以「Soundabout」的名稱發售。

可能對海外員工來說，隨身聽的日式英文聽起來很拗口，所以才想換個名字吧。不過，盛田先生力排眾議，用 Walkman 當全球通用的商品名稱。他說 Walkman 不是英文，是索尼自創的語言。

我加入 CBS・索尼的兩年後，牛津英語辭典收錄了「Walkman」這個單字，比日本的廣辭苑早了五年。盛田先生說得沒錯，Walkman 真的讓索尼成為全球知名品牌了。

我正好在索尼的全盛期加入公司，但我在 CBS・索尼任職，坦白說也不太關心母公司的輝煌事蹟。

我在前言部分也講過，同樣隸屬於索尼集團，我只覺得自己的職場剛好有索尼二字。我常跟美國 CBS 的唱片部門交流，卻從未接觸索尼的家電業務。我剛進公司沒多久，也只有去母公司處理過一次簽約問題。母公司在我眼裡，簡直就是另一個世界。

我在索尼的職場生涯，就是從這種邊緣地帶開始的。當然，這是我自己選擇的結果。

起初我被分派到CBS・索尼的外國部門，主要負責海外藝人在日本的宣傳工作。這家公司創立於一九六八年，我加入的時候已經成立十六年了，但市谷區的辦公室始終充斥著一股求新求變的氣息。我們大膽跟母公司競爭，絲毫沒在客氣，我以前也有那樣的氣魄。

丸山茂雄先生

丸山茂雄先生就是這股拚勁的象徵，他在CBS・索尼剛成立就加入了。大家都知道他是PlayStation誕生的幕後功臣，對我日後的人生也有深遠的影響。丸山先生喜歡做一些與眾不同的事，例如他創立

EPIC‧索尼這家新公司，試圖帶動一股新的音樂潮流。他還創立一家唱片公司叫「Antinos」，這名字有 Anti Sony（反對索尼）的涵義。光看這個名字，相信各位不難了解 CBS‧索尼的職場文化吧。

公司瀰漫著一種勇於嘗試的氣息，勇於嘗試才是受人敬重的勝利者。公司也鼓勵我們去挑戰沒人做過的事情，所以也不太拘泥於小節。這樣的組織文化是我親眼所見。

丸山先生常穿白色 POLO 衫搭配牛仔褲，平時喜歡說些自嘲的玩笑話。在我的印象裡，無論什麼情況他永遠笑口常開。

丸山先生的父親是開發疫苗的大功臣，但我認識的丸山茂雄卻是巨大組織裡的叛逆英雄，更是培育創新文化的先驅。他是一位高ＥＱ的領導者，我在後面的章節會提到我跟丸山先生的故事。

再回紐約

外國部門的業務真的很有趣，一開始我負責撰寫公文，傳送給美國CBS的唱片部門。後來一些大明星來日本，上級也會指派我當接待人。義大利男歌手賈茲柏（Gazebo）是我頭一個接待的知名藝人，各位應該對他的曲子〈我愛蕭邦〉比較有印象吧，日本歌手小林麻美女士也翻唱過那首歌曲，曲名叫〈雨聲譜出蕭邦的旋律〉。

第一次接待藝人我很緊張，聽說賈茲柏討厭受到特別待遇，我也盡量以平常心相待。我們一起跑了好多行程，富士電視台的《深夜金曲舞台》節目，也是我陪他去錄影的。

那一陣子忙到暈頭轉向，但工作結束後到六本木的酒店慶功，那種充實感是難以言喻的。我現在也會聽他的歌曲。

音樂界星光璀璨，我很享受在業界工作的樂趣，但我一向把工作和私生活分得很清楚。因此，我非常討厭加班。我和同事早川理子結婚後，在宇都宮買了一棟房子，那裡離市谷的公司很遙遠，我都搭新幹線上下班，週末就享受綠意盎然的郊區生活。

我們剛進公司的時候，社長說我們這些新人純粹是負擔；現在工作了一段時間，社長的訓示我早就忘光了。我從小往返日本和北美，長大後總算在日本落地生根了，一如我在大學時下定的決心。在宇都宮生活這麼久，我始終覺得這裡是好地方。

一九九四年新年剛過，我的生活發生了重大的變化。上司把我叫去辦公室，說要派我到紐約去。剛聽到這命令我的感想是，開什麼玩笑啊？我才不去。然而，那個年代上司的命令是無法拒絕的，除了同意以外也別無他法。

我回家後跟妻子商量，妻子也相當不能諒解。我和她都是歸國子女，彼此都受夠了海外的生活，也決定要在日本落地生根。

事後我才知道，我被派駐紐約這件事情，跟丸山先生也有關係。他跟我的上司說，如果不讓我去紐約，我打算辭職不幹。但事實正好相反，紐約和海外生活我都受夠了。命令終究是命令，我就這麼心不甘情不願地外派到紐約了。我去紐約出差過好幾次，但出差和常駐是兩回事。

從甘迺迪國際機場前往曼哈頓的路上，正好看得到我小時候生活的住宅區。一看到高速公路旁的茶色住宅區，我內心覺得十分感慨。唉唉，到頭來我還是回到這裡了……

這是我第七次橫越太平洋，捨棄原來的生活環境。不過，這一次派駐紐約徹底改變了我的人生。

我在東京的職銜是係長，相當於小組長或主任，來到紐約改掛經理（GM）的頭銜。其實也沒啥了不起，外派職員就我一個人，說穿了就是個打雜的。

我是真的很不想外派，但我換個想法安慰自己。紐約是娛樂產業的大本營，有機會接觸這裡的音樂界也不賴。想是這樣想，人生實在很不可思議，沒想到我竟然會跟 PlayStation 的生意扯上關係。我本來以為自己只是短期幫忙的，結果忙著忙著就回不了頭了。

我即將上任的新職場糟糕透頂，完全沒有組織該有的紀律。同事各懷鬼胎、互扯後腿，而且各自為政……我剛到紐約作夢也沒料到，在這一片混亂中奮鬥的經歷，會奠定我未來領導索尼的基礎。

第 2 章

第一個挑戰

——支援 PS（PlayStation）

追求完美絕不妥協

不管時代如何演變，紐約始終是娛樂產業的中心。

曼哈頓中心的百老匯大道有不少劇場，每晚都有各式音樂劇和歌劇上演，唯有世界頂級名伶才有資格登台演出。一些小型展演空間位置偏僻，卻擠滿了才華卓越的年輕人，他們都夢想成為明日之星。作為一個音樂界人士，來到紐約有機會一睹最棒的演出。

那些藝人全憑自己的本事，在這個人才輩出的地方一較高下，跟我這種負責幕後工作的完全不一樣。他們來這裡可不是要一睹最棒的演出，抱著這種心態是不可能成功的。檯面上少數的成功者背後，有更多被埋沒的年輕人。如此嚴苛的環境實屬罕見，刻意選在這樣的環境中打拚，他們的魄力令人為之神往。

某位藝人用身教的方式，讓我明白了這個道理，他就是久保田利伸先生。

他在日本推出了〈Missing〉和〈流星之鞍〉等熱門金曲，建立了無可動搖的地位。他決定到紐約發展的時間點，正好是我要被派往紐約的時候。

我是一九九四年前往紐約，那陣子久保田利伸先生忙著作曲，準備隔年在美國出道。我親眼見到一個專業人才，賭上人生，將自己逼迫到極限。

他一進錄音室錄音至少要到半夜兩、三點才會出來，有時候還錄到通宵。我沒有參與錄製的作業，也感受到他非成功不可的執念。他最了不起的就是那種追求完美絕不妥協的態度。

不只作曲追求完美，他參加行銷會議的心態也一樣。他不需要多說什麼，你就能感受到這個人賭上了自己的歌唱生涯。

「日本來的藝人，能否提供與眾不同的東西給大家？如果人們只把我當成日本的麥可．傑克森（Michael Jackson），那就沒有意義了。」我還記得，他在行銷會議上說過這番話。

任何人看到那股熱忱和拚勁，都會被他打動。你會不自覺地思考，我能不能為這個人做出什麼貢獻？

久保田利伸先生懷著無比的熱忱，挑戰難以攀越的高牆。他的熱情和拚勁，會在無形中把所有人凝聚在一起，朝共同的目標邁進。

現在回想起來，久保田利伸先生正是高EQ領導者的最佳典範。他成功在海外推出名曲〈LA・LA・LA LOVE SONG〉，也是理所當然的吧。

「你去支援 PlayStation 吧」

再次回到紐約生活，其實我一開始是很不情願的。但俗話說得好，既來之則安之，跟日本的業務相比，這裡的工作也別有一番樂趣。第五大道附近有一棟高樓叫「550 Madison」，我的新職場就在那裡。再者，我任職的 CBS・索尼改名為索尼音樂娛樂。除非有必要，不然我就直接稱呼「索尼音樂」了。

這一棟美國總部大樓，本來是AT&T的大樓，在我被外派的前一年由索尼買下來。建築風格極其奢華，光一樓大廳就有七層樓高，還設計成巨大的拱型格局。曼哈頓中城有不少別出心裁的大樓，好比知名的帝國大廈、克萊斯勒大廈等等。坐落在這片富麗堂皇的區域，550 Madison還是格外引人注目。

憑良心講，辦公的地方根本不需要如此奢華。我後來當上索尼的社長，頭一個賣掉的就是這棟大樓。

我住的不再是小時候的住宅區，而是曼哈頓近郊的李堡（Fort Lee），離開曼哈頓走喬治・華盛頓大橋（George Washington Bridge）度過哈德遜河（Hudson River）就到了。那是一個寧靜的河岸市鎮，自然環境也相對豐富，很多外派的日本人都住那裡。鎮上還有大型的日式超市，很適合一家人居住。

第二次重返紐約，我花了一年多時間總算重新熟悉當地生活了。那時候差不多是一九九五年五月還六月吧，CBS・索尼集團的大前輩丸山茂雄先生，打了一通電話給我。

「你支援一下 PlayStation 的業務可好？」

我還記得丸山先生一派輕鬆。PlayStation 是一九九四年十二月在日本發售的電玩主機，最初銷量也超過預期，因此高層打算乘勝追擊，改在北美發售。

「喔喔，沒問題啊。」

我也給了肯定答覆。但我萬萬沒想到，這竟然是我職業生涯最大的轉捩點。

關於這一段前因後果，我有必要再說得詳細一點。PlayStation 是久多良木健先生主導的新事業，他也是索尼培育出來的鬼才。久多良木先生以前是半導體工程師，大我十歲。他原先推動的次世代主機開發計畫，是要結合 CD-ROM 的技術，應用在任天堂的主機上。不料這個計畫催生出了 PlayStation。

索尼和任天堂在開發主機的議題上有些糾葛，現在這已經不是什麼祕密了。本來雙方決定在一九九一年六月的芝加哥家電展覽會上，鄭重發布合作的消息。結果在消息公布的前幾天，任天堂突然發出通告，說要改和荷蘭的飛利浦（PHILIPS）合作。

1994 年 12 月 3 日發售的第一代 PlayStation

久多良木先生還特地從東京跑到京都，準備和任天堂商量合作事宜，卻在半道上得知任天堂「變心」的消息。同行的還有公關幹部出井伸之先生，這位出井伸之先生後來當上了索尼的執行長。

久多良木先生被倒打一耙，但他並沒有放棄。既然任天堂要和其他公司合作，那索尼自己打入電玩市場就行了。當然，這對索尼而言是一場豪賭，內部反對聲浪也不小。

一年多後，高層召開了一場經營會議，那場會議如今成了索尼內流傳的佳話。出席的高階幹部幾乎都反對打入電玩市場，久多良木先生的處境十分不利。於是，久多良木先生決定賭一把大的。為了封殺其他人的反對意見，他在會議上直接勸說當時的社長大賀典雄先生，頗有擒賊先擒王的味道。

起先雙方只探討技術上的問題，久多良木先生刻意提出略嫌誇大的硬體規格。這場會議的內容，在麻倉怜士先生的著作《索尼的革命志士》（ソニーの革命児たち）中有詳實記載。雙方的對話我也是從別人口中聽來的，以下就參考麻倉先生的著作，向各位描述一下。

「久多良木，你就別唬人了。」

大賀先生似乎看出久多良木先生在虛張聲勢。不過，久多良木也不是輕易退縮的人，他大膽說出了沒人敢講的實話。

「我們被任天堂惡搞，您打算吞下去就對了！」

這番話觸怒了大賀先生。久多良木先生不退反進：「社長，請立刻做決定！」大賀先生被刺激到，也撂下重話：「你這麼敢講，那好啊，我就等著看你能否辦到！」

接著，大賀先生用力拍桌，下達了一個簡潔有力的指示。日後人們談起PlayStation的誕生故事，一定會引用這句話。

「DO IT!!」

丸山茂雄和久多良木

PlayStation後來成了索尼一大主力事業，但這麼重要的事業，一開始卻是在針鋒相對的議論中催生的。尤其開發PlayStation是出於情緒化的決定，可以想見公司內部的反對聲浪有多大。

這下輪到丸山先生表現了。他原本是廣告代理店的人，CBS・索尼剛成立他就加入了。丸山先生的父親是開發疫苗的大功臣，據說還是大賀先生的遠房親戚。當然，對我來說他就是公司的大前輩，我認識的丸山先生總是穿著一身便裝，對待任何人都隨和親善。簡單說，就是古早江戶人的豪爽性格，還會用獨特的幽默口吻開玩笑。

久多良木先生在公司內樹敵不少，力保他周全的人正是丸山先生。丸山先生並不滿足於CBS・索尼的成就，還另外成立了EPIC・索尼，主要發行搖滾樂。

新公司開在青山地區，離市谷的 CBS・索尼有一段距離。丸山先生把久多良木先生找來新公司，讓他得以安穩開發遊戲機。

時至今日，久多良木先生被喻為「PlayStation 之父」，這點確實不假。可是，若沒有丸山先生和其他人的支持，PlayStation 的願景也無法實現。

前面提到，公司內部很多人反對開發 PlayStation。實不相瞞，我以前也搞不懂為什麼要開發遊戲機，甚至也跟大家一樣表示反對。因為我不懂電玩這門生意的重要性。我只有在高三那年放學回家時，會小玩一下太空侵略者。後來任天堂的紅白機大賣，但我已經出社會工作了，對電玩早就不感興趣。

索尼電腦娛樂（SCE，現在的索尼互動娛樂，負責遊戲相關業務）成立後，人家打電話問我 SCE 的業務，我還誤以為是 Sony Creative Products 呢。

丸山先生答應過我，等聖誕旺季結束以後，就能回去處理音樂的業務。所以我才不假思索接受他的要求，去幫忙 PlayStation 的事業。況且所謂的幫忙，也不是什麼大不了的事情。頂多就是 SCE 社長德中暉久先生來美國出差的時候，我去替他打打雜或提行李罷了。PlayStation 即將在北美發售，我看丸山先生很辛苦才答應幫忙的。

索尼電腦娛樂美國分社（SCEA）是SCE的美國據點。位在福斯特城，就在美國西岸的舊金山國際機場附近。那裡是舊金山灣岸的住宅區。

「偶爾去加州曬曬太陽也不錯。」

我是抱著這種輕鬆的心情去幫忙的。

實感賽車（Ridge Racer）的衝擊

我對電玩沒什麼興趣，但要去SCEA幫忙，我還是趕在發售前借了一台PlayStation來玩。我玩的是實感賽車（Ridge Racer）這款遊戲。那是用立體模組製成的3D影像，玩家一直開著車子四處跑，沿路還有流暢的風景畫面。

「天啊！現在家裡玩得到這種東西了？」

那種臨場感跟我所知的電玩遊戲完全不同。我對遊戲的印象，始終停留在高三那年玩的太空侵略者。所以實感賽車實在令人驚豔，難怪丸山先生全心投入。

聊個題外話，二〇〇六年索尼在洛杉磯E3電玩展，發布了PSP（PlayStation Portable）。我在介紹實感賽車時，模仿開頭畫面的音效高喊一聲「實感賽車讚！」一部分玩家替我取了一個綽號，叫「實感平井」。

實感賽車打動了我，但我也明白自己不懂電玩產業。我知道這玩意很厲害，卻不知道電玩能帶來多大的商機。至少當時我是真的看不出來。

不過，有件事情徹底化解了我的疑慮。一九九五年九月九日PlayStation在美國發售，那天我去舊金山出差，心中還掛念著久保田利伸先生的專輯。

PlayStation發售的四天前，正好是久保田利伸先生在美國出道的日子。專輯發售的消息當然也傳進我耳裡，但我還是很在意實際的買氣。我去連鎖唱片行一探究竟，店頭貼上專輯海報，賣得也還不錯，我總算鬆了一口氣。

「既然都來了，順便看一下電玩的買氣吧。」

我去附近的電玩小賣店，看到門外大排長龍，大家都是來買PlayStation的。當初在日本販售時，第一批貨十萬台很快就賣光了，看來在美國也很有人氣。

相對地，久保田利伸先生的第一張海外專輯《SUNSHINE, MOONLIGHT》，在日本國內取得了公信榜當週榜首，但在美國的評價不是太好，身為他在美國的宣傳負責人，這種結果我不太能接受。

實感賽車的遊戲畫面
© BANDAI NAMCO Entertainment Inc.

PlayStation帶來的衝擊實在太大了。久保田利伸先生的熱忱是我親眼所見，對於差強人意的結果，我的心情也很複雜。電玩業務我是抱著交差心態幫忙的，沒想到一打入美國市場就大賣。當然，拿音樂和電玩來比較根本不倫不類。我只是在那個當下，內心有點感慨罷了。

日本輸出電玩軟體，等於是從多元角度推廣日本文化。從這個層面來看的話，電玩商機或許大有可為吧？雖然不願意承認，但電玩或許可以做到音樂做不到的事。

這是我頭一次發現電玩商機的可能性。

分崩離析的 SCEA

不過，PlayStation 事業要在美國上軌道，還得解決幾個大問題。首先，當地 SCEA 的經營狀況並不好，指揮統御的系統亂七八糟。

理由跟整個索尼集團的權力鬥爭有關。當年世嘉（SEGA Corporation）號稱是 PlayStation 最大的對手，SCEA 的社長史帝夫．雷斯先生，就是從世嘉挖角來的。而史帝夫的上司直接對索尼美國（Sony Corporation of America）的社長麥可．舒爾霍夫負責，索尼美國是索尼的北美總部，位於東海岸的紐約。

舒爾霍夫本事很大，也是大賀典雄先生倚重的人才。大賀先生算是索尼開國元勛之一，有受過井深大和盛田昭夫這兩位偉大創業者的薰陶，也是最後一位元老級的社長。大賀先生長年來統領索尼，在我眼中就是雲端上的人物。

接下來的話題又更複雜。索尼美國的子公司原本也涉及北美的電玩業務，因此SCEA不是對東京總公司負責，而是對紐約的索尼美國負責。

史帝夫有紐約的大人物撐腰，做事獨斷專行，完全不理會東京的指示。美國那邊不僅擅自做出「PlayStation」的標誌，還做出「多邊形人」這個角色，制定自己的商品形象戰略。尤有甚者，他們還要求變更美國的主機配色，連「PlayStation」這名字都看不順眼，逼迫我們更改商品名稱。美國分公司擅自作主，都沒讓久多良木先生和丸山先生知情，兩人對此也非常傷腦筋。

PlayStation和前面提到的隨身聽一樣，主打全球統一規格的品牌戰略，久多良木先生等人不可能接受美國那邊的條件。東京方面發出嚴正的警告後，美國那邊才趕在發布前一刻取消多邊形人的企劃。

到頭來，PlayStation 發售的前一個月，史帝夫就卸下 SCEA 社長一職了，正好是我剛去那裡幫忙的時候。

在這個節骨眼上，索尼還發生「政變」。一九九五年十二月，PlayStation 在美國發售超過三個月了，索尼美國的大人物麥可・舒爾霍夫突然退位。那一年出井伸之先生接下大賀先生的棒子，繼任索尼社長。據說，出井伸之先生和麥可・舒爾霍夫嚴重對立。當然，這對我來說都是天高皇帝遠的事情。我看著華爾街日報和日經商業報導，只覺得自家公司好像出了一點問題。

對於東京 SCE 的幹部來說，這是整合 SCEA 統御系統的一大良機。史帝夫卸任以後，擔任社長統籌當地業務的，是電子部門的行銷負責人馬帝・霍姆利修。SCEA 總算要開始重整了，但事情沒有這麼順利。

馬帝上任後性情大變，這件事令我印象深刻。他本來是一個開明的人，會營造出大伙齊心奮鬥的氣息。但他接手沒多久，我發現他變得有點神經質。

馬帝拆掉辦公室的玻璃帷幕，換成不透明的牆壁。因為他覺得自己無時無刻不被監視，就算關上房門也無法安心。精神狀況糟到這個地步，他跟當地團隊也缺乏溝通協調。瞧他快被壓力打垮，我只好老實跟東京回報，這一位新社長應該幹不久。

東京的幹部本來對馬帝寄予厚望，不料馬帝很快就撐不下去了。然而，丸山先生展現了不輕言放棄的執著。他答應我聖誕旺季結束後，可以回去處理音樂業務，而我回歸的時間也差不多快到了。

丸山先生跟我道歉，希望我再多輔佐馬帝一段時間。問題是，馬帝的狀況越來越差，最後還是被調回電子部門了。當時，丸山先生兼任 SCEA 的會長，他決定用行動來團結眾人。

「我每個禮拜都會飛來美國。還有，我先跟你們說清楚，萬一我倒下了，下一個來的就是久多良木。」

丸山先生言出必行，每個禮拜都從東京飛來舊金山附近的福斯特城。禮拜一他先參加索尼音樂的高層會議，禮拜二去東京 SCE 洽公，禮拜三就搭飛機過來。由於時差的關係，他抵達福斯特城同樣是禮拜三。一落地就忙著工作，禮拜四和禮拜五都泡在 SCEA，週末再飛回東京……他真的每個禮拜都這樣過。

那時候丸山先生已經五十好幾了，雖然正值壯年，但這根本不是人過的行程。看到他這麼拚命，我也不好意思吵著要回歸本業了。我也跟丸山先生四處奔走，重整 SCEA。

我們的基本行程是這樣，我先到舊金山國際機場接機，再去伯靈格姆（Burlingame）的凱悅酒店（Hyatt Hotels）吃午餐，吃完才去福斯特城的 SCEA。我們常吃凱悅酒店的義大利麵，吃飯過程中我會報告他不在時發生的事情，兩人一起商量對策。等做好當週的應對方針，才會前往 SCEA。

我們做好充足的事前準備，所以在 SCEA 開會的時候，丸山先生用日文下達指示，我在一旁翻譯成英文，講給當地的員工聽。多虧有充分的準備，開會也沒出什麼亂子。丸山先生的指示很簡潔，我的說明反倒有些冗長，因此當地員工一致認為，日文是一種很簡潔有效率的語言。

三十五歲學習重整企業

就這樣，我們很有耐心地重整 PlayStation 業務的統御系統。不過，每個禮拜蠟燭兩頭燒的生活，終究耗盡了丸山先生的體力。過了半年左右，丸山先生說他累了，打算把 SCEA 的社長大位交給我。換句話說，我將接下馬帝卸任後空懸的位置。

這件事真的嚇到我了。那一年我才三十五歲，別看 SCEA 只是海外的一家分公司，在索尼集團中可是擔任重要的角色。我以前在索尼音樂工作，剛來紐約的確掛著經理的頭銜，但我在東京只是一個小係長。況且，我名義上還是索尼音樂的員工，跟 SCE 沒有關係。

「呃呃……就算是丸山先生欽點，我一個外人莫名其妙當上社長，當地的員工也不會買帳吧？」

我退縮了，我不認為自己是幹大事的料。

丸山先生說，平常都是我負責指揮現場工作，我講話那些美國人才願意聽。我否定了丸山先生的說法，他又說道。

「索尼音樂也是把新的業務交給年輕人去做，你怎麼不試一試呢？」

丸山先生說得也有道理，這是索尼音樂和索尼總公司最大的不同，也是我剛加入 CBS．索尼時，那家公司最大的優點，更是令人引以為傲的風氣。可是，突然被指派為社長，我實在沒信心重整那家亂七八糟的公司。

「不然，我暫代社長好不好？」

於是，我當上了暫定的社長，而不是正式的社長。職位是 EVP（副總裁）兼 COO（營運長），社長一職從缺。丸山先生還保有會長的地位，但不像以前一樣每週往返兩地了。前不久我還只是一個小係長，現在卻成了 SCEA 實質上的經營者。

真正打動我的，其實是丸山先生對我的信賴。他告訴出井先生和伊庭先生，把 SCEA 交給我絕對沒問題。

（咦？他曾在出井先生面前掛保證？）

不消說，出井先生是索尼的領導者，伊庭保先生則是第一任CFO（財務長）。從母公司的角度來看，SCEA純粹是旗下子公司在海外設立的分部。但這個海外分部牽涉到非常重要的市場，也關係到PlayStation能否在海外推廣。仔細想一想，丸山先生在做決定之前，肯定要先經過這兩個大人物同意。

可是，當時的我完全不懂經營管理。而這個外行人要掌管的，又是一個連續換了兩位社長的組織。倘若我搞砸了，欽點我當社長的丸山先生，也必須連帶扛下責任。

「那就交給你啦。」

丸山先生交代完以後，真的把SCEA的業務都交給我了。見識到那麼恢宏的氣度，任誰都會想要回應那份期待。丸山先生觸動了我的心弦。就這樣，我決定離開紐約，搬到福斯特城定居。

決定組織方向，並且為自己下的決定負責，我認為這是領導者該有的品格。我當上索尼社長後，始終謹記這個信念。這是我從丸山先生身上學到的。

他不是把工作統統丟給我，我也常徵求丸山先生的意見，或者說歧見。有時候他也會表示反對意見，但對於我做的決定，從來不會多加干涉。

在我面前哭泣的員工

我突然被委以重任，很快地，我就發現SCEA的狀況比我想像中的更糟糕。嚴格講起來，我是來自音樂界的電玩門外漢。在當地員工眼中，我又是一個東京指派的空降社長，他們大概把我當成東京的眼線吧。我就像是站上打擊區的打者，身上肩負著逆轉局勢的重任。當下的狀況，真的讓我有這樣的自覺。

我本來也是紐約和福斯特城兩頭跑，跟當地的員工還算熟稔。不過，有必要讓他們真正了解我的為人。我也必須知道，員工是抱著什麼樣的心態在工作。一對一談話是最快、最有效的方法。我一搬到福斯特城，立刻安排一對一談話。

結果，我總算聽到員工的真心話。

「PlayStation 是很棒的商品，但說句老實話，我不想在這種公司上班了。」

甚至有員工哭著說出上面這段話。我看了實在不忍心，還主動遞出衛生紙安慰對方。

「這裡的環境壓力太大了。」

「大家的意見都不一樣，太亂了。」

讓我感觸最深的是下面這一段話。

「我是拿薪水來公司上班的，所以我想處理好公司交辦的工作，盡可能做出貢獻。但那些薪水比我高的人，卻妨礙我做出貢獻。更糟糕的是，你們經營層視若無睹。這種工作環境我受不了了。」

那位員工說得太有道理了，每一句話都直指人心，讓人虛心受教。不少員工講到後來都變得很情緒化，聽多了我甚至有種自嘲的心情，以為自己是來當心理治療師的。

前面這些話，都還算是有建設性的。但更多的是那種出賣夥伴的惡毒言語。

「那傢伙你千萬不能相信。」

「你替我升官加給，我就替你賣命。還有，你要把這幾個傢伙都開除。」

聽到那些話我真的無言了。這種組織不但失去了原有的功能，根本就是一灘扶不上牆的爛泥。

當然這也是有原因的。你要說這是科技業的做事方法也沒錯，總之就是一種很徹底的競爭主義，可能是不同團隊互相競爭，或是同一個團隊的成員互相競爭。講好聽叫實力主義，但過度的競爭只是在互扯後腿，完全沒有益處。

改革哪有不痛的

要徹底拔除組織的病根，該先從哪一步做起呢？臨危受命的我一切都還在摸索，唯獨有一點我非常清楚。底下員工說得沒錯，經營階層不能團結一心的話，員工根本不會想在這種職場待下去。

既然如此，有一件工作無論如何都必須優先處理。身為領導者最艱難的工作，就是宣布「裁員」，而我要裁員的對象是經營階層。換句話說，我要請他們捲鋪蓋走路。有些幹部在員工的眼中，只會搞一些權謀算計，留那種人在公司裡互扯後腿，絕對無法營造出良好的環境，員工也無法發揮工作能力。

況且我也說過，當時我真的被逼急了，不採取行動肯定完蛋。我討厭裁員，但情況容不得我猶豫。對於那些必須離開的人，我會很坦白地告訴他們。

「你跟這家公司已經無緣了，我必須請你立刻離開。今天你可以直接回去了，明天早上六點過後，你來公司我會派保全幫你開辦公室門，把自己的東西帶走就好。」

這是很殘酷的宣告。這麼殘酷的事情我一定自己來，絕不交給人事部的員工處理。宣布裁員的時候，我都是一對一當面告訴他們。

這是我一貫的作風，後來我經營公司也都是這樣。那些人的管理經驗比我豐富，多年來也以經營者的身分為公司效力，我會一對一當面告知裁員的決定。主要的原因有二，第一是對那些人表示敬意，畢竟他們也曾經做出貢獻。第二，把痛苦的工作推給別人，這種領導者是不會有人追隨的。如果我把這個工作推給人事部的員工，他們只會覺得我當白臉，黑臉全都推給底下的人當。一旦底下的人產生這樣的想法，就不會聽領導者的命令。

經營者每天都要面對各種決策。有制式化的決策，也有難以取捨的決策，很多事情必須抱著壯士斷腕的決心去處理。以我來說，我先後在SCEA、東京SCE總公司、索尼母公司這三大舞台，處理「經營改革」這項課題。每次挑戰都要做一些痛苦的決策。

剛接下SCEA的重擔時，我還處於摸索的階段，但我從那次經驗中學到一個經營的重大原則，而且多年來奉行不悖。遇到越艱難、越痛心的決策，經營者一定要親自告知員工。身為一個領導者，不能逃避這樣的責任。

我常對那些幹部說，假設幹部是員工投票投出來的，你有信心當選嗎？我也常問自己這個問題。

其實索尼一直想消除論資排輩的升遷制度，但在同一個部門或團隊待久的人，還是比較容易升遷。因此，我不斷告誡各部門主管，要他們時時警惕自己，當一個真正受人推崇的領導者。當然了，我不是要他們去討好底下員工。

再重申一次，當領導者一定會做艱難的決策、得罪人的決策。你要反問自己，在這種狀況下你還是一個受人推崇的領導者嗎？領導者必須得到部下的支持，不敢面對困境的領導者絕對得不到支持。所以，你不能表現出逃避的心態。

親口告訴那些前輩他們要被裁員的事實，就是最好的例子。老實說，很多事情我真的不願意去做，但又不得不處理。

我當上索尼的社長以後，也一直貫徹這樣的做事方針，但有一次我吃到了苦頭。某天我打算從舊金山飛往紐約，親口告知美國的總裁要被裁員的事實。

那天下大雪，大部分的班機都停飛了。不過，錯過這一次告知的時機，那個人就要出差了。我也不知道自己下次去紐約是什麼時候，所以我搭乘公司的專機前往紐約。果然，飛機遭遇嚴重的亂流，搖晃得非常厲害。不騙各位，我真的以為自己會遭遇空難。

窗外只看得到濃密的烏雲，機內晃個不停，還發出各式各樣的聲響。突然間，座位底下傳來強烈的衝擊，我這才知道自己終於安全降落了。

我坐飛機的經驗多到各位難以想像，幾乎一整年都在地球各地飛來飛去。碰上亂流對我來說是家常便飯，只有那一次我真的認為自己會死。事後我跟機長聊天，機長笑著說那不叫安全降落，而是「可控飛行撞地」（Controlled flight into terrain，簡稱 CFIT）。現在想起來我還是毛骨悚然。即便冒著生命危險，我也堅持「宣告裁員不假他人之手」。

夥伴

單就打造經營團隊這件事，我的運氣算相當不錯。我離開紐約搬到福斯特城時，東京那邊也派來一位同事，他叫安德魯．豪斯（Andrew House）。我都叫他安迪，安迪是我重整 SCEA 不可或缺的重要夥伴。

安迪來自英國的威爾斯，在牛津大學主修英美文學，說著一口流利的日文。據說他以前求學時，向眾人募款買了一輛車子，說是要去沙漠裡做化學實驗，實際上卻跑去撒哈拉沙漠旅行。那一次旅行，也讓他對異國文化產生了興趣。

當年日本政府興辦國際交流計畫，安迪就來仙台教英文，同時學習日文。後來加入索尼擔任公關，參與久多良木先生的 PlayStation 事業。PlayStation 發售和 SCE 成立的文告，聽說也是安迪撰寫的。

SCE 剛從母公司獨立出來，安迪就被調到 SCE，並以行銷主管的身分來到

SCEA。後來當上索尼執行長的霍華德・斯金格，很看重安迪的能力，將整個集團的行銷大權交給他。二〇一一年，我從SCE社長轉任索尼副社長的時候，也指派他繼任SCE的社長職位。

他一來也是先聆聽底下員工的煩惱。畢竟我和安迪都是從外地調來的，在不了解前因後果的情況下，魯莽地改革只會招致員工不滿。因此，我事先跟安迪商量過，要先耐心聆聽員工的煩惱，了解公司的狀況。

一天的工作結束後，我們會討論當天聽到了哪些煩惱。安迪會視情況需要，使用英文或日文交談。那一年我三十五歲，安迪三十一歲，另一位銷售專家傑克・特雷頓（Jack Tretton）先生，也會來參加我們的議論。我還記得，我們三個聊了好多事情。

現在回過頭來看，我們很少聊遙遠的夢想或希望。我們不會聊未來要如何拓展遊戲業務，多半只聊當天或明天要處理的問題。先把混亂的組織重整好，才是我們的首要之務。總之，我們把重心都放在重整公司，讓員工懷著驕傲工作。

從技術優先到感受優先

現在 SCEA 終於要踏出第一步，組織好經營團隊，建立出一套堪用的決策和人事系統，努力成為一家「正常的公司」。好在最重要的遊戲業務，銷量一直很不錯，如何持續那樣的聲勢很重要。

我們最初定下的方針，就是重視「開發人才」。PlayStation 是久多良木先生精心開發出來的優秀硬體，我雖然不懂電玩，但一款實感賽車就讓我體會到電玩的可能性。

然而，電玩這一門生意不光是靠硬體性能決勝負，要有好的軟體才行。所以，我認為通往成功的第一步，就是打造良好的環境，讓遊戲開發團隊一展長才。更重要的是，要刺激那些人的意願，讓他們開發 PlayStation 專用的遊戲。

我必須說服開發團隊，PlayStation 很適合呈現他們的遊戲概念。

我待過音樂產業，這對我來說是很理所當然的想法。想必各位也明白，在音樂的世界中，沒有藝人的創作就沒有生意可言，一切都要先有美妙的曲子才能起步。至於如何推廣藝人的曲子和個人特質，則是我們的工作。音樂界凡事以藝人為重，遊戲產業也是一樣的道理。

只不過，那時候我才剛從音樂界轉戰遊戲界，有些問題我看得還不夠透澈。電子部門是索尼的重中之重，而電玩業務對整個電子部門來說，似乎是一門極為特殊的生意。

像電視或音響這一類的產品，銷量取決於品質好壞。換句話說，電視有沒有好的畫質，音響能否發揮原音重現的音質，這些功能要持續精益求精。

要製造出好的產品，也必須借重外部廠商的能力。只不過，索尼內部的研發單位，已經累積了足夠的開發技術，可以做出有別於其他廠商的產品。

音樂還有電玩的做法可不一樣，沒有好的音樂和遊戲，你沒辦法做這一門生意。要先找外部的藝人和開發團隊創作，不然最先進的遊戲主機也只是一個破盒子罷了。

這當中還牽涉到索尼本身的問題。任天堂開拓了家用主機的市場，也持續推出自家的遊戲軟體。好比超級瑪利歐兄弟（Super Mario Bros.）就是如此，這一款遊戲甚至成了任天堂的象徵。任天堂不只自行開發熱門遊戲，也開放外部廠商加入軟體開發，將他們拉入任天堂的世界，這些外部廠商又稱為「第三方機構」。這也是紅白機大賣的原因之一。

後來問世的智慧型手機也有異曲同工之處。智慧型手機可以隨時上網，非常便利，因此也建立出一套系統平台，來廣納大量的應用程式。換句話說，智慧型手機成功的原因，在於建立出一套和第三方機構合作的生態系統。

話題拉回電玩產業，索尼比較晚打入電玩產業，不像任天堂或世嘉一開始就有強大的遊戲開發實力。如何吸引第三方加入 PlayStation，做出趣味好玩的遊戲，便是決定成敗的重要關鍵。

因此，我們持續舉辦一些大型活動，吸引開發商和創作者來參加，讓他們知道索尼很重視開發人才和第三方。而這又關係到 SCE 整體的策略，SCEA 只是美國當地的一個分公司，難免有力有未逮的地方。所以我必須表達清楚，SCEA

到底能提供些什麼。

除了利益分配的問題以外，還得弄清楚消費者喜歡什麼樣的遊戲，以及我們要透過這款主機建立何種世界觀。這些都釐清以後，再建立一個有效的機制，讓那些開發人才發揮他們的創造性。否則，我們無法在這個市場立足。

從這個角度來思考，我想到了獨占契約這個主意。也就是支付豐厚的酬勞，讓開發商專門替 PlayStation 開發遊戲。使用獨占契約，PlayStation 就成了某些熱門遊戲的唯一平台，這會帶動硬體的銷量。因此，這對我們來說也是一個重要的決策。

不過，這當中也有要注意的問題。假設我們跟某家開發商締結獨占契約好了，SCE 會保證開發商有穩定的收益，開發商的老闆當然很開心。問題是，底下的創作者會怎麼想呢？或許他們也樂見公司賺大錢，但自己辛苦做出來的遊戲，最好也能在其他主機上推出，讓更多人玩到。就好像藝人也希望更多人聽到自己做出來的曲子一樣。

所以，任意使用獨占契約占有趣味的遊戲，創作人才總有一天會離開，到時候可就得不償失了。

我跟安迪他們也經常討論這個問題。

重質不重量

那麼，創作者到底追求什麼？SCEA 又能提供他們什麼？

我在跟那些開發商的創作者見面時，會坦白自己能提供哪些支援，為了提供那些支援，必須簽訂獨占契約。當然，做不到的事就要老實說做不到，這一點也非常重要。

確立「重質不重量」的方針，也是我們看重的另一個決策。這項戰略跟久多良木先生率領的 SCE 總公司有明確的不同。

東京採取的是「以量取勝」的方針，遊戲的種類和數量越多越好。畢竟SCE起步較晚，才剛打入電玩產業。日本市場的行銷口號也有一樣的概念，「你在這裡能找到所有的遊戲」。玩家有更多的遊戲選擇，自然也喜聞樂見。

可是，我們有不一樣的看法，無聊的遊戲只會讓玩家失望，那就得不償失了。當然，日本和美國的玩家喜好不同，能接受的遊戲類型也不一樣。然而，開發商推出了這麼多遊戲，也確實夾雜了一些不怎麼樣的成品。

因此，就算遊戲的技術水平符合SCE的檢驗標準，如果我們判斷內容無趣的話，絕對不會放行。不少遊戲開發商也抱怨，明明東京的SCE總公司都認可了，為什麼美國這邊的分公司反而不行？而且這種抱怨大多來自日本的開發商。東京的SCE也會來抱怨，問我們為什麼要打回票。

這跟日本和美國的市場差異有關係。在日本，大型家電量販店和電腦用品專賣店，比較願意給電玩產品較大的展示空間。再者，過去任天堂紅白機大賣，坊間還有很多小型的電玩商店。

相對地，美國幾乎沒有日本那樣的大型家電量販店，頂多就百思買（Best

Buy）吧。再來就是一些大型的平價量販店，好比沃爾瑪（Walmart Inc.）、目標百貨（Target Corporation）、西爾斯（Sears）等等，這些量販店有賣家電、生活用品、生鮮食品等等。當年亞馬遜也沒有販賣電玩產品。電玩在這些賣場能分到的展示面積很有限，展示產品的水準參差不齊，消費者一定會抱持疑慮吧。

至於什麼樣的遊戲符合水準，我會和 SCEA 的管理團隊議論。

意想不到的挑戰？

就這樣，美國的電玩業務漸漸上軌道了。人在東京的久多良木先生，經常說我們是「小朋友組團」。藝人氏木毅先生組了一個「小朋友樂團」，久多良木先生大概是用一語雙關的方式調侃我們吧。在他眼中，我們真的就是小朋友持家。

還記得剛到福斯特城時，我和傑克才三十五歲，安迪才三十一歲。而久多良木先生大我十歲，已經做出許多貢獻，好比開發 PlayStation、創立 SCE 等等。在他看來，我們確實是「小朋友組團」吧。事實上，一九九六年我接下丸山先生的託付，成為 SCEA 的副總裁和營運長，對經營可說是一竅不通，簡直像在黑暗的隧道裡尋找出口一樣。

差不多從一九九八年開始，久多良木先生才對我們改觀。那一年，SCE 的營收創紀錄，隔年一九九九年四月公布的財報顯示，去年度 SCE 電玩部門締造了一千三百六十五億日元的營業利益。跟前一個年度相比，成長了將近百分之十七。當然，SCEA 也貢獻了不少利益。那時候，我覺得自己帶領的公司，總算正式成為 SCE 的一員。

綜觀整個索尼集團，電子部門貴為主力，但營業利益才一千兩百九十八億，衰退了將近百分之五十九。大家把電子部門視為索尼的核心，結果竟然被電玩超越了。

據說，時任社長的出井伸之先生，經常對採訪記者表示，電玩也算在電子

（由左至右）作者、安迪、久多良木先生

部門當中。但依我們來看，電玩、PlayStation 是兩回事。

財報公布以後，東京舉辦了一場全球幹部會議，時間大概是六、七月吧。我還特別叮嚀與會的美國幹部，開會的時候千萬不要太張揚。用數字彰顯我們的成果就好，沒必要引來其他人的反感。

「小心門戶洞開。」

這是我常告誡員工的一句話。俗話說，越飽滿的稻穗頭越低，一個地方門戶洞開，會有各式各樣的流言蜚語發生，久了自然會形成一大破綻，就算無意為之也一樣。我這句話的意思是，要好好持盈守虛，不要隨便露出破綻。

一帆風順的時候更要留意這一點。有句話叫好事多磨，一帆風順的時候反而隱藏著失敗的風險，偏偏大多數人都無法察覺。

過沒多久，我們就親身體驗到了這個教訓。

第 3 章

第二個挑戰

——索尼衝擊（Sony Shock）

索尼電腦娛樂（SCE，現在稱為索尼互動娛樂）創下前所未有的佳績，回東京開會時我也告誡夥伴要謙虛，但不可否認地，我的確表現得意氣風發。

這不光是我個人的功勞，大伙齊心協力重整一個紀律敗壞的組織，重整後的團隊也締造出不錯的成果。我真的有一種成就感，好像自己終於走出了五里迷霧一樣。

就在這個時候，我接到一通來自東京的電話，是SCE的社長久多良木先生打來的。

「SCE並沒有派駐海外的員工。你是從索尼音樂借來的人，結果還被派駐海外，這是怎麼一回事？是不是有點亂來啊？」

斬斷退路

我前面提過，我本來是索尼音樂的紐約外派員，因緣際會下幫忙處理 SCEA 的工作，後來搬到美國西岸的福斯特城生活，因為索尼電腦娛樂的美國分公司就在那裡（SCEA）。

丸山茂雄先生帶我進入電玩產業，還問我願不願意接下 SCEA 的社長大位，當時我要求當暫定社長，職位是 EVP（副總裁）兼 COO（營運長）。事實上，我還是索尼音樂的人。這一點之前沒人提起，也不知道久多良木先生是怎麼想的，突然舊事重提。

根據久多良木先生的說法，大賀先生對這件事頗有微詞。大賀先生時任索尼會長，也是整個索尼集團權力最大的人。我一個小人物待在福斯特城，該算外派還是調任，這點小事情他怎麼會掛懷呢？

可能久多良木先生有什麼考量吧，聽他這樣一講，我也對自己的立場有些疑惑了。

SCEA的管理制度已經建立起來了，組織也不再紀律鬆散了。前面也提過，PlayStation的獲利創紀錄，這不只是遊戲主機本身賣得好，軟體也帶動了收益。我們重視「軟體」的策略，也做出了不小的貢獻。我總算走出陰暗的隧道，讓每一位成員都感受到進步的成果，未來團隊的連帶感會更加緊密。

不過，我身為實質的團隊領導者，一直保持索尼音樂員工的身分的確是一大問題。電玩業務和公司經營還順利時，還沒有大問題，一旦栽跟頭就難說了。

我是SCEA的負責人，手上握有最終決策權，偏偏我是借來的人手。團隊成員嘴上沒有抱怨，但心裡難免有怨言。畢竟生意失敗的話，他們會丟掉工作，但我一個外部人才，頂多就是被調回東京罷了。他們會這樣想也是情有可原。

現在，我不能說自己是「暫定社長」了。不斷斷自己的退路，沒資格當一個領導者，我已經有這樣的覺悟了。嚴格來講，我心中早就斬斷退路，沒想過要回索尼音樂。但底下的員工不會這麼想，我必須付諸行動來展示決心。

於是，我離開索尼音樂公司，正式轉調所屬單位 SCEA，不是 SCE。萬一電玩事業失敗了，我也會丟掉工作。正式加入 SCEA 以後也沒有什麼特別的變化，至少表面上沒有。我跟平常一樣前往福斯特城的辦公地點，跟平常一樣處理公務，當地員工也沒有夾道相迎什麼的。

然而，我的用意大家應該都體會到了。當我真的成為 SCEA 的一員，確實感受到團隊的向心力更強了。我也體認到自己正式成為團隊的一員。

當地員工談起東京 SCE 總公司時，總是用一種「非我族類，其心必異」的語氣，沒想到我自己也養成了那樣的習慣。

一九九九年四月，我當上了 SCEA 社長，兼任 COO（營運長）。過了三年總算從暫定社長一職畢業了。

自動駕駛

從各種角度來看，接下來的日子都還算平順。PlayStation 大賣，成為第一款銷量突破一億台的電玩主機。二〇〇〇年發售的 PlayStation 2 買氣更驚人，總銷量突破一億五千萬台。在我寫這本書時，依舊是史上銷量最高的電玩主機。順帶一提，累計銷量超過一億台的家用電玩主機，只有 PlayStation、PlayStation 2，以及 PlayStation 4。

SCE 的聲勢如日中天，甚至有人興沖沖地表示，乾脆把索尼母公司買下來算了。

為什麼我會說日子「還算」平順呢？因為 SCEA 的制度已經完善了，能夠自動發揮該有的組織機能。我個人沒事可幹，反倒有些不滿足。

現在團隊有了好的成績，我不用下指示，大家就知道我想幹什麼，會事先採取行動。團隊成員展現出高度的專業實力，我可以放心交給他們。

這是組織最理想的狀態，所謂的組織就必須這樣經營才對，為了達到這個目的，我也下了不少苦功。只是，團隊真的上軌道以後，我身為領導者反而沒事可做，我也知道這是很奢侈的煩惱……

我常把這種狀態形容成飛機的自動駕駛功能。當時的 SCEA 完全符合自動駕駛的定義，PlayStation 2 有多少就賣多少。曾經有一段時間，銷售團隊的工作就是跑去店頭道歉，說明下次補貨的時間，請他們忍耐一下。我們和外部開發團隊的合作也很順利。

現在的 SCEA 就算我稍微放手不管，也會朝正確的方向前進。這樣的狀態持續了好幾年，對一個經營者來說是夢寐以求的好事。

然而，我內心深處也覺得需要有一些變化。

索尼的困境

這段期間，外在環境的轉變對索尼造成不小的衝擊。

索尼集團的營收有六成以上來自電子部門，但電子部門的經營每況愈下。營業利益和淨利在一九九七年度創下高峰後，就慢慢走下坡了。全盛期的營業利益超過五千億日元，不料二〇〇三年度只剩不到一千億日元。

索尼的確靠著舊世代的家電產品，攀上了全球電子產業的高峰。索尼推出了最輕薄短小的產品驚豔全球，迅速建立起雄厚的基業。

聊個題外話，我從小就是索尼產品的愛用者。從消費者的角度來看，我真的能感受到索尼的產品有多優秀。我父親以前在銀行工作，他也很喜歡索尼的產品。小時候我們家有一大堆索尼的產品，最令我印象深刻的，就是五吋大小的微型電視「TV5-303」。這一款電視可以放在手上帶著走，而且是一九六二年推出的，那時候我才剛出生呢。

「這麼小的機器，竟然可以用來看電視？」

我到現在都還記得兒時的感動。對了，我當上社長一段時間後，也要求整個集團以「感動人心」為目標。提供感動人心的產品和服務，才是索尼應該創造的企業核心價值。現在看來，那台五吋電視確實有感動人心的魅力，堪稱索尼青史留名的傑作。

「TV5」的前一個系列是八吋的「TV8-301」，這是索尼第一款電視產品。索尼的共同創辦人井深大先生，使用電晶體技術開發電視，據說那是他新年睡覺時夢到的構想。

來自美國的電視機市調員，看了小型電視的試驗機種後，認定這種產品不會大賣，但事實證明那名調查員錯了。

井深大先生不是先做市場調查才開發產品，而是秉持著「創造市場」的氣魄，持續開發各種新產品，自行開拓商機。他並沒有忽視消費者的意見，而是做出沒人想得到的東西，超越消費者的期待。

這種理念創造出「TV8」系列，後續的「TV5」也承襲了同樣的理念。對我來說「TV5」是索尼第一款感動我的產品。順帶一提，微型電視在紐約發表後，索尼打著「電晶體將改變電視產業」的口號，在全美衝出超高人氣。後人談到索尼涉足半導體產業時，一定會提起這個故事。

講起我對索尼的產品感情有多深厚，真的花再多篇幅都不夠，所以言歸正傳吧。到了二十一世紀，很遺憾索尼沒有發揮應有的實力。

後來我跨足 SCE 和索尼母公司的業務時才發現，其實索尼還是有不錯的實力。員工們乍看之下失去信心，內心還是隱藏極高的熱忱。可惜這股熱忱被壓抑，沒機會化為實際的作為噴發出來。

新世代來臨後，家電產業歷經了數位化的浪潮洗禮，現在是數位家電的時代了。電視從映像管進化到液晶和電漿電視，相機也從膠捲相機進化到數位相機。錄像載體也從錄影帶進化到 DVD 和藍光。

索尼也試圖抓住這一波數位化商機，電視機品牌也從 WEGA 改成

BRAVIA，但三星等新興的韓國大廠也來分一杯羹，索尼面臨激烈的競爭壓力。各家廠商的家電差異越來越小，這也意味著必須削價競爭。

二〇〇三年四月二十四日，發生了「索尼風暴」事件，也讓索尼從此蒙上積弱不振的負面形象。那一天，索尼公布二〇〇二年度的財報，其他電機大廠的業績也不大好看，索尼還有一千八百五十四億元的營業利益，跟上一個年度相比增加了百分之三十八。我個人認為財報內容沒有那麼悲觀，只是這數字比索尼預期的營業利益少了一千億日元。於是乎，市場賣壓湧現，連續兩個營業日跌停。連帶所有日股受牽連，日經平均股價指數也創下泡沫經濟後最難看的數字，所以才被稱為索尼衝擊（Sony Shock）。

嚴格來講，我認為這是索尼和市場缺乏溝通所致，但不可否認地，索尼也遲遲無法推出獨特的數位家電，跟其他廠商相比沒有明顯的特色。小時候索尼在我心目中，是一個與眾不同的大廠牌，現在索尼已經無法帶來這種感動了。我們心自問，索尼有回應消費者和市場的高度期待嗎？很遺憾，答案是否定的。

無論時代如何演變，索尼都該推出有特色的產品，帶給每一位消費者感動才行，這才是索尼的使命吧。現在的索尼無法滿足眾人的期待，社會大眾對索尼又有這種嚴格的要求，才是索尼風暴的間接成因吧。

崛起的競爭對手

索尼的競爭對手不只韓國大廠。本來隨身聽是索尼的一大強項，但美國的新產品不再讓索尼專美於前。蘋果二〇〇一年推出了 iPod 音樂播放器，成功開發出一套可下載媒體內容的系統平台。二〇〇七年又推出 iPhone，發展出今天的商業模式。

曾任蘋果執行長的史帝夫·賈伯斯（Steve Jobs），在展示 iPhone 時，宣稱要重新定義電話。公司名稱也從蘋果電腦，改成了「蘋果」，去掉了「電腦」，這意味著他們捨棄了只賣電腦的商業模式。蘋果先推出 iTunes 供應音樂，創造出固有平台的商機，後續也建立出了一套商業系統，孕育出無數的應用程式。

不少人批判索尼，為什麼沒有做出 iPod 那樣的產品。時任執行長的出井伸之先生，很早就說過「網路是衝擊商業界的隕石」。我記得他一再重申，未來絕對是數位化時代。他提出「Digital Dream Kids」（數位 夢想 小孩）的概念，也成為家喻戶曉的口號。這也代表他早就察覺到數位化浪潮席捲而來的徵兆了。

事實上，索尼早在一九九九年就推出「記憶卡隨身聽」，以因應未來下載音樂的趨勢。出井先生洞悉了新趨勢的到來，在他的著作《迷惑與決斷：SONY 十年格鬥記錄》中更寫道，他很後悔讓蘋果搶占這項商機。賈伯斯一口氣推出軟硬體結合的創新服務，確實了不起。

順帶一提，我待過音樂產業，當然也注意到 iTunes 這項服務。不過，最先在美國推出的 Napster，我反而覺得比較有威脅性。Napster 以分享的方式提供音樂下載，完全不顧著作權的問題。到頭來，Napster 被各大企業告上法院，也都敗訴了。

反觀 iTunes 在日本被視為「音樂界的一大衝擊」，而且採用付費下載的制度，重新建立了被 Napster 破壞的市場秩序。

鬼才・久多良木健

前面也說過，索尼最重要的電子部門陷入了經營不善的窘境，至於 SCEA 的營運已經上軌道了，所以我有點事不關己的感覺。問題是，後來發生了一些事情，也讓我沒辦法等閒視之了。

起因是這樣的，二〇〇六年十一月 PlayStation 3 發售了。號稱「PlayStation 之父」的久多良木先生，提出了一個遠大的構想，那就是「Cell 微處理器」（Cell Broadband Engine），這套系統他投注了很多心血。Cell 微處理器是〇六年之前開發的次世代半導體，由索尼、東芝和 IBM 共同研發而成。

久多良木先生的構想是，先在 PlayStation 3 上搭載強大的功能，將這些功能推廣到電視和其他家電上，最後達成索尼的數位化軟體願景。

久多良木先生本來是研究半導體的專家，他的企圖心昇華成了遠大的構想，SCE 也朝這個構想勇往直前。而且，他還拉了整個索尼集團共襄盛舉。放到現在來看，也同樣是很有企圖心的計畫。這樣的氣魄很有索尼的風骨，我也不想拒絕他，但如果我是當時的執行長，我非拒絕不可。

因為，接下來等待我們的是一連串的苦難，過去 PlayStation 2 的榮景已不復見。這也是我第二次被推上前線重整公司，之前我說自己管理的公司上軌道，都閒閒沒事幹，現在 SCE 面臨的困境，已經由不得我輕忽了。我再一次面對重大挑戰，事後回想起來，那次經驗也帶給我不少經營上的啟發。

在進入主題之前，我想先聊一下久多良木先生這個人。我在書中形容他是「鬼才」，這句話確實不假。要是有人問我，久多良木先生是怎樣的人，我都會這麼形容他。

「他是一位研究者、開創者、產品規劃專家、經營家、行銷專家、創作者……他具備一切該有的能力，對每一種工作也有獨到的堅持。不只是堅持，從任何角度來看，他都是一個力求完美的人。」

我敢斷言，這樣的人十分罕見。他對理想和願景極為堅持，簡直到了頑固的地步。不管舉什麼樣的例子，都很難形容他的執著和衝勁。

比如，「PlayStation」和 PS2 的標誌，光是「P」的字型他就不斷要求設計團隊改進。當然，標誌是消費者第一眼會看到的東西，苛求一點也算合理。真正驚人的，是他對 PlayStation 3 內部設計的堅持。畢竟一般消費者根本看不到內部設計。

你一打開主機的外殼，會先看到「Sony Computer Entertainment Inc.」的字樣。就連這個公司名稱的字樣，久多良木先生也一再要求設計團隊改進。

這還不算什麼，冷卻風扇的設計也要做到他滿意為止。除非合乎他的美學觀念，否則就要一直重做。這些消費者看不到的部分，他也絕對不會偷懶。底下的設計師都承擔了很大的壓力，久多良木先生依然擇善固執。

索尼有一些流傳許久的佳話，好比數位音訊播放器、手提式攝影機的開發祕辛。據說，以前的開發人員會把試驗機種泡在水裡。如果有泡泡冒出來，就代表機身裡有多餘的空間。索尼就是用這種方式，堅持追求極小化的產品。久多良木先生的執著，也有異曲同工之處。不做到那種苛求的地步，無法做出跌破眾人眼鏡的產品。見識到那樣的執著，真的會改變你的價值觀。

前面提到的故事已經很嚇人了，還有一個更嚇人的故事，讓我徹底體認到久多良木先生有多苛求完美。我要談的是SCE總公司的自動販賣機，總公司位於東京的青山，本來要在各樓層的設置區域放自動販賣機，但是空間無法完美容納自動販賣機。主要是深度不夠，自動販賣機會稍微突出來一點點。

放置自動販賣機的地方，其實都是每一樓層的角落，稍微突出來一點點也沒人會在意。可是，久多良木先生為了這件事大動肝火。辦公室是員工發揮創造性的地方，這麼重要的地方有突出來的自動販賣機，他的美學觀念無法接受這件事。據說，他絕對不允許自動販賣機那樣擺。後來他還特地聯絡廠商，訂製小一點的自動販賣機。我知道這聽起來很誇張，但俗話說見微知著，久多良木先生就是一個擇善固執的人。大家都得過且過的問題，他絕對不會視而不見。

久多良木先生處理任何事都是這種態度，當他的部下非常辛苦，但那股衝勁和熱忱也的確令人信服。我常說，久多良木先生不是朝令夕改，而是朝令朝改。這話一點也不誇張，他只要注意到問題，就會馬上要求底下的人改進。

前面也提過，在 PlayStation 誕生之前，人們對打入電玩產業有很大的疑慮，是丸山茂雄先生力挺久多良木先生的。丸山先生本身是索尼音樂的副社長，同時也兼任久多良木先生創立的 SCE 副社長。

根據丸山先生的說法，久多良木先生就跟瑪麗亞・凱莉（Mariah Carey）一樣。在旁人眼中，他們都有相當多的堅持，看起來都是很難伺候的人。但兩人都有非凡的才華和創作能力，丸山先生是用這個例子，來說明久多良木健的為人，這比喻確實很妙。

我跟丸山先生同樣是音樂界出身，可以理解他想表達的重點。沒有久多良木這個鬼才，PlayStation 就不可能問世，更不會有後來的成功。但這不光是他一個人的功勞。

丸山先生就像音樂界的優秀經紀人一樣，挖掘出有才華的藝人。這兩個人的組合，簡直就是一種奇蹟。

順帶一提，時任索尼執行長的霍華德・斯金格，將久多良木先生喻為「索尼的史蒂芬・史匹柏」，這比喻也算貼切。久多良木先生每天都在思考其他人沒想到的點子，秉持完美的作風，逐步實現自己的理想。

Cell 的野心

為了推出次世代的 PlayStation，久多良木先生提出了 Cell 處理器的構想。詳細的技術議題暫且不談，總之就是把複數的演算核心搭載在單一晶片上，算是多核心 CPU 的原型。按照久多良木先生的說法，搭載新型處理器的

PlayStation 3，絕對是一台性能高超的電玩主機，說是家中的超級電腦也不為過。

誠如前述，Cell 處理器是索尼、IBM 和東芝共同開發，未來除了搭載在 PlayStation3 上，還會用在各類家電和科學用途的超級電腦上。索尼也開始朝這個遠大的構想邁進，後來 IBM 開發的超級電腦，就使用了好幾組更高階的 Cell 處理器，才短短兩年時間就享有世界頂級處理器的美名。二〇〇三年，久多良木先生兼任 SCE 社長和索尼副社長，決定投資兩千億日元量產 Cell 處理器。

索尼長久以來積弱不振，難得有這麼充滿企圖心的計畫。可以說，這是讓索尼起死回生的一大豪賭。

SCE 持續開發搭載 Cell 處理器的 PlayStation 3，PlayStation 2 也一直保有不錯的佳績。負責指揮調度的，當然是社長久多良木先生了。只不過，他身上還扛著索尼副社長的重擔。

久多良木先生常開玩笑，說他不只要顧我們這些小朋友，還得處理母公司那邊的業務，簡直快忙翻了。而我同樣身為 SCEA 的社長，彼此的職掌倒是沒有太大的變化。

到了二〇〇六年，Cell 和 PlayStation 3 即將問世，霍華德．斯金格先生也一再要求我，去東京幫助久多良木先生。當時，霍華德．斯金格已從出井伸之先生手中，接下了索尼會長和執行長的職位。久多良木先生也找我去東京幫忙，但我直接拒絕他們了。

打從索尼音樂外派我到紐約，已經過去十幾年了。兩個小孩也很習慣美國的生活，我們在家中都是用英文對話。況且我也提過，我不是日本 SCE 的人，而是美國 SCEA 的人，也取得了美國的永久居留權。事到如今，我沒打算再到其他國家生活。

所以我坦白告訴他們，我想一直留在美國工作。霍華德要我接下久多良木先生的位置，兼任 SCE 的社長和 COO（營運長）。不消說，SCE 已經成為索尼集團的重要企業，但我對 SCE 的社長一職沒多大興趣。我是真的想在美國度過一生，就算要我辭去索尼的工作，轉戰其他行業我也在所不惜。

不過，隨著 PlayStation 3 的發售日逼近，一些嚴重的問題漸漸浮上檯面。

「定價」挑戰

PlayStation 3 的發售日定在二〇〇六年十一月，那一年的五月先公布了價格，含稅價是六萬兩千七百九十日元（硬碟容量 20GB 的規格）。主機搭載 Cell 處理器，支援當時最先進的藍光讀取器。然而，還是有不少批評的聲浪，認為遊戲機的價格不該如此昂貴。

久多良木先對媒體的說法是，PlayStation 3 不是電玩主機，也不是電腦或家電，而是家用的超級電腦。確實，PlayStation 3 採用了當時最先進的技術，Cell 處理器便是其中的代表。但跟 PlayStation 2 的發售價格相比，整整貴了兩萬日元以上，批判的聲浪難以平息。

到頭來，索尼被迫做出一個罕見的決定，也就是在發售的前兩個月宣布降價。日本的發售價格改為四萬九千九百八十日元。這是不得已的決定，等於賣一台虧一台。

另外還有一個大問題，主機內部的藍光讀取器產能不足，造成部分地區必須延後發售。主機的成本已經很高了，產能跟不上，無法享有量產的紅利。

PlayStation 2 創下的榮景不再，任誰都看得出來索尼大難臨頭了。母公司的首腦霍華德要求我解決這些問題，我自己也認為，不先嘗試就拒絕這份重任，未免說不過去。

可是，要接下 SCE 的社長大位，我得搬到東京生活才行。我在前言也提過，本來我是想召開家庭會議再決定，那時候我女兒已經念中學了，她似乎不當一回事，也不覺得那跟她有關係。不得已，我只好獨自到東京工作。

其實，我曾對霍華德提出一個條件，每個月我要回福斯特城的家中休息一個禮拜。霍華德也常回紐約的家中休息，因此二話不說就答應了。等我真的到東京工作後，根本沒辦法回美國陪家人這麼久。工作行程始終排得很滿，我回家沒多久又得飛回東京，或者趕往世界各地出差。

就這樣，我在二〇〇六年十二月接下索尼電腦娛樂（SCEI，現在的索尼互

久多良木先生帶著 PlayStation 3 亮相（2005 年 5 月 16 日）

動娛樂）的社長和營運長。實際上，我是二〇〇七年年初才到東京。不到半年光景，久多良木先生突然在六月辭去SCE會長和執行長，由我接下執行長一職。據說，他是在四月底的高層會議上，突然表明去意。事先得知這個訊息的，只有霍華德和少數高層，很多內情我也不清楚。所以，我就不探討久多良木先生掛冠而去的始末了。

最令我印象深刻的，是他離去前對我說的一番話。

「我已經規劃好未來十年的藍圖了。」

久多良木先生打造了PlayStation這個全新的平台。這個平台可以播放影音軟體，實現索尼的數位化軟體願景，是非常遠大的構想。

「我們會用最先進的電腦技術和網路功能，打造出媲美電影和音樂的全新娛樂潮流。」

久多良木先生過去接受媒體採訪時，經常提出這樣的願景。這確實是沒有人想得到的一大創舉。

不過，我接下久多良木先生的位置以後，得先處理好「眼前的挑戰」，才有辦法實現他的理想。首要之務，就是重振出師不利的PlayStation 3。等解決好這個問題，再用全新的手法實現他的十年大計。

反 SCE 聲浪

「你們想搞垮索尼是吧？」

二〇〇六年度的財報數據出來以後，索尼的高階幹部打電話來批評我，時間大概是久多良木先生宣布離職的前後吧。

對方說得也沒錯，就連霍華德都有過類似的評論。

「You guys are taking the ship down.」（PlayStation 3 會把索尼搞垮）

當時液晶電視「BRAVIA」賣得很好，低迷已久的電子部門總算看到一絲曙光。不料，過去帶動索尼業績成長的 SCE，竟然在 PlayStation 3 推出時栽了大跟頭，留下兩千三百億日元的虧損。

電子部門的好轉還稱不上穩定，萬一電玩事業持續走下坡，一再留下大筆的虧損，勢必會動搖索尼的根基。SCE 在索尼內部已經有很大的影響力，高階幹部打來罵人，就是要我再一次認清嚴峻的現實。集團內部也有各種反對聲浪。

「十年的盈餘都敗光了。」

「給那些傢伙管事，當然非敗不可。」

反對SCE的聲浪，真的是排山倒海。一九九八年業績創紀錄時，我還特別告誡SCEA的員工，要好好持盈守虛，不要隨便露出破綻，一帆風順時更該謹慎以對。即使如此，作風前衛的SCE還是招來不少反感。當我們搞出兩千三百億日元的虧損，拖累整個集團的時候，我對這一點有特別深刻的感觸。

事實上，我還沒轉調到東京時，就聽說很多人對SCE十分不滿，他們不滿的原因我也有頭緒。

比方說，美國某家大型零售商在採購PlayStation時，希望延後付款的時間。因為我們不接受，所以直接停止供貨。結果電子部門的銷售負責人打來抱怨，質問我們為何停止供貨。因為電子部門的電視和攝影機，也給那家零售商販賣。我們停止供應PlayStation，同一個集團的其他部門也會受牽連。可是，不管其他部門說什麼，我們堅持對方必須按照約定付款，否則絕對不供貨。

此外，這些單位也常跑來做促銷提案，建議 PlayStation 搭配家電一起販賣。對 PlayStation 沒有益處的提案，我們統統都拒絕了。長此以往，那些人自然對我們沒好感，他們認為 SCE 只顧自己的產品，都不願意跟大家合作。

然而，不能退讓的事情就是不能退讓。對公司沒益處、不合乎道理的事情，就應該嚴正拒絕才是，這是我一貫的信念。

現在 SCE 留下兩千三百億日元的錢坑，多年累積的不滿也跟著爆發了。不過，這些批判都是合理的。我們確實陷入了無法輕忽的困境。不，應該說這是 SCE 存亡的挑戰。

我這個人在遭遇困境時，反而會激發出頑強一搏的鬥志。後來我接下索尼的社長一職也同樣如此。我一開始就知道公司狀況不好，這是我自己的選擇，沒什麼好猶豫的。

回歸原點

那麼，改革該從何下手呢？

其實跟我重整 SCEA 的方法一樣，要先深入了解公司目前的處境。所以，我得先聆聽員工的聲音，問他們對公司和 PlayStation 3 有什麼看法。釐清問題，再找出我該做的事情。

過去我在 SCEA 聽員工訴苦，一度以為自己改行當心理治療師了。但 SCE 的員工多達一萬人，我不可能每一個員工都找來談話。

首先，我找來五到十名部長層級的員工，頻繁召開午餐會議，先聽聽他們的說法。

「市場對 PlayStation 3 的要求是什麼？」

「對 SCE 來說，怎樣才算真正的成功？」

「要達成目標，會面臨哪些問題？又該如何應對？」

我持續召開午餐會議，漸漸地找出了幾個目標。其中，有一個根本問題必須先釐清，那就是PlayStation 3的定位是什麼？SCE的定位又是什麼？

前面也提過，久多良木先生把PlayStation 3視為家用超級電腦。他對Cell處理器有非常深的期許，這一點我也不打算否認。

但從整個企業的戰略角度，還有消費者的實際用途來看，PlayStation 3的定位絕對不是一台「電腦」。

在午餐會議上，底下的員工也問我類似的問題。

「平井先生，那你對PlayStation 3有何看法呢？」

我的答覆很直截了當。

「它就是一台電玩主機，不管別人怎麼說，我只當成電玩主機。」

各位可能覺得這是很理所當然的看法，但凡事要從釐清觀念開始。PlayStation 3到底是什麼？是電玩主機。SCE這間公司應該做什麼？提供電玩娛樂給消費者。我們絕對不是電腦公司。

你也可以說，我在確立公司和產品的定位。

如果 PlayStation 3 真是一台性能超強的電腦，賣五、六萬日元都算便宜。但以電玩主機的角度來看又是如何呢？雖然發售前宣布降價措施，四萬九千九百八十日元還是太貴了。對那些購買 PlayStation 3 的消費者來說，這純粹就是一台電玩主機。

我也說過，PlayStation 3 一開賣就賠錢，不降低成本降價求售的話，消費者不會買帳。我們必須回歸電玩企業的原點。

提供消費者強大的電玩主機，讓他們享受玩遊戲的樂趣，帶來趣味無比的感動，這才是我們該追求的原點。

至於承包遊戲製作的第三方企業和創作者，我們也有該負的責任。SCE 一直賠錢，他們也會擔心 PlayStation 3 能否撐下去，不敢放手開發有趣的遊戲吧。

由於新主機採用 Cell 處理器提高性能，遊戲開發的成本也會上升。不盡快推動 PlayStation 3 的普及率，第三方企業也賺不到利潤。因此，我們要盡快提供消費者可接受的價格，同時又不能侵蝕利潤。

考量到還有其他同業競爭，我們其實沒有太多時間慢慢來了。微軟一年前推出 Xbox 360 這款人氣商品，任天堂的「Wii」也是強力的對手。萬一我們失去消費者的青睞，SCE 會面臨存亡挑戰。不，這挑戰已經步步逼近了。

「再這樣下去公司會倒。」我真的有這種挑戰意識。

臨場感帶來挑戰感

「PlayStation 3 是電玩主機。」

我盡可能簡單扼要地傳遞這則訊息，不斷灌輸給底下的員工。

確立方針以後，自然就知道該怎麼做了。既然是電玩主機，那就不得不降價求售。堅決壓低成本便是首要之務。

已經決定好該做的事情，再來就是執行了。商品企劃部門、資材部門、工程師一同召開成本會議，我也都親自參加。

「臨場感會帶來挑戰感。」

逆境求生的領導者，一定要謹記這個大原則。只會在上頭發號施令，要求底下的人降低成本是不管用的。這樣底下的人很難體會公司倒閉的挑戰。你要讓底下的人知道，你很嚴肅看待這件事。

我不是工程師，也沒有資材調度的經驗。老實說，會議上一大堆我聽不懂的議題，還有各種莫名其妙的術語。聽不懂沒關係，據實以告就對了。如果你什麼都不懂，就直接丟給底下的人處理，他們無法體會你的挑戰意識。

推動企劃朝既定的方向前進，這才是領導者的責任，裝懂不是領導者該做的事。我本來是音樂界的人，過去管理 SCEA 也有很多事不懂，所以我很清楚，老實承認自己不懂有多重要。

不懂還裝懂，馬上會在部下面前露餡。領導者有一項很重要的特質，就是讓部下心甘情願輔佐你。如果他們覺得你不懂裝懂，還盛氣凌人，你就完了。部下對這種上司只會虛應故事、陽奉陰違，根本不會認真執行企劃。也許在各位的觀念中，這是微不足道的小事，但我認為這是決定成敗的因素。

我一再告誡自己當一個高ＥＱ的領導者，也跟這點有關。我不是說做人一定要當聖人君子，我自己就有不少缺點。只不過，當我以領導者的身分帶領大家做事時，會要求自己當一個高ＥＱ的人。當然了，我不敢說自己做得很完美。

所以我經常反省，假如幹部是用選舉選出來的，部下會把票投給我嗎？這個概念我前面也提過。領導者要獲得部下的青睞，因為這個位置從本質上來說，並不是組織給你的。

我也常告誡底下的人，工作時不要把頭銜看得太重。有些人一當上部長或高階幹部，對待部下的態度就有一百八十度的轉變，相信各位讀者身邊也有那種人。那種人能獲得部下的青睞嗎？答案不言而喻。

這可不是老掉牙的精神論，領導者的作為會影響到整個組織的成果。要有好的成果，一定要反求諸己。

成本與定價的拉鋸

參加了好幾場成本會議以後，我終於了解降低成本是多困難的任務，真的可以用錙銖必較來形容。一開始先列出高成本的資材，再來檢討如何壓低成本，以及要在多久之內達到目標。我們開會就是一直反覆討論這些問題，不斷地檢討改進。我很快就體認到，做這件事沒有捷徑可走。

開會總是討論不出結果，但我們還是很有耐心討論。

降價的第一步，就是推出不支援 PlayStation 2 軟體的新款主機，價格降低一萬日元。可是這種降價幅度，依舊比不上兩萬五千日元的 Wii。況且，經營虧損並未改善。

實際上，我們都是挑選一些很細微的部分，來嘗試降低成本。好比 PlayStation 3 正面的那個「PLAYSTATION 3」字樣，原本是做成鑲崁式的，後來我們考慮用網版印刷的方式，來降低成本。當然，這麼做省不了幾個錢，但只能先從小地方逐步下手了。

主機越做越多，越賣越虧。簡單來說，我們在做賠本生意。

身為領導者遇到這種狀況，就好像在黯淡無光的隧道裡摸黑前進一樣。直到二〇〇九年九月，總算看到一點光芒，那時候我繼任SCE社長也快三年了。

型號「CECH-2000」的PlayStation 3，價格終於壓到兩萬九千九百八十日元了。同樣一台PlayStation 3，比三年前剛發售時便宜了兩萬日元，降價幅度將近四成。

外觀上沒有太大的變化，但最原始的PlayStation 3一台有五公斤重。CECH-2000的款式只有三．二公斤重，前後差了一．八公斤。當然，降低成本不是用重量來計算的，但為了刪減這一．八公斤，大家真的耗費了不少時間，可以說絞盡腦汁、殫精竭慮。一開始消費者抱怨主機體積太大，現在主機的厚度也減少近三成了。

身為社長，我自認參與了每一場溝通和議論，但實際改良主機的，畢竟是所有第一線的員工，這一．八公斤是他們的堅持，也是心血結晶。我是音樂界出身的外行人，這三年來我見識到了索尼強大的生產實力。

我剛從福斯特城來到東京時，其實內心還是有不小的希望。公司雖然陷入挑戰，但沒有一個人輕言放棄。跟他們對談後，我發現大家都是真心喜歡遊戲的玩家，也熱愛 PlayStation 這個平台，純粹是受制於嚴重的虧損罷了。所以我很篤定，短期虧損不會擊敗我們，總有一天我們會找到出路。

我也常告訴員工，要想像自己成功的模樣。然後，逆向推論該怎麼做才能實現目標。當時，我的第一步是釐清 PlayStation 3 的主機定位，並且創造獲利。要達到這個目標就得徹底壓低成本，同時多虧我就近觀察到部下的熱忱，成功的信念才未曾動搖。SCE 有很多比我優秀的人才，我相信有朝一日必定會成功。

順帶一提，之後 PlayStation 3 還是持續改良，到後來只剩下二．一公斤重。就在 PlayStation 3 推出即將滿三年時（二〇〇九年六月底），累計銷量達到兩千三百七十萬台，最終超過八千七百四十萬台，但比起 PlayStation 2 一億五千萬台的紀錄，這個數字道盡我們一路走來的坎坷。

到了二〇一〇年三月，PlayStation 3 推出也有三年半了，這一款產品總算開始獲利，沒有再賠錢賣了。我們花了三年半的時間，才達成一家公司該有的「正常」狀態。

被現實輾壓的理想

本章最後，我想談一下 Cell 這個半導體項目，這是久多良木先生寄予厚望的事業。先說結論，我若是當時索尼集團的決策者，一定不會同意 Cell 計畫。從某種意義來說，這個計畫很有索尼的作風，索尼就是追逐理想起家的。但這個計畫的風險太大了，或者該說太前衛了。

事實上，二〇〇八年就有新一代 PlayStation 4 的開發計畫了，那時候我們還在努力壓低 PlayStation 3 的成本，但我一開始就打定主意，絕不開發 Cell 那樣的特殊半導體。我打算把資金挹注在軟體開發，還有一些提升消費者體驗的層面，不再積極開發自家的半導體。PlayStation 4 的計畫剛推出時，我就堅決捍衛這個主張。

索尼把 Cell 的生產設備賣給東芝，PlayStation 4 則採用美國 AMD 的晶片。換句話說，我是改用一個全新的方法，來實現「PlayStation 之父」久多良木先生的夢想。

久多良木先生的夢想是，用最先進的電腦技術和網路功能，打造全新的娛樂潮流。後面推出的 PlayStation 4，還有最新的 PlayStation 5 也承襲了一樣的構想。

久多良木先生提倡的理想，昭示了索尼的企圖心，因為跟其他企業做一樣的事情，不可能開創美好的未來。然而，要實現和維持這個理想，必須付出龐大的心力和時間，來弭平現實和理想的落差。這是切身之痛學來的教訓。

第4章

第三個挑戰
——技術過剩、感動過低的盲點

接班四劍客

二〇〇九年二月底，雷曼風暴的影響仍在全球餘波蕩漾。我前往品川區的索尼總部參加記者會，這場記者會將要公布全新的經營體制。

原本的社長中鉢良治先生成為副會長，會長兼CEO（執行長）的霍華德．斯金格，又多了一個社長頭銜。霍華德自二〇〇五年就任CEO以來，只花了四年就登上社長大位，英國的金融時報分析，霍華德徹底掌握了索尼的大權。但那天的記者會，真正的焦點是組織重整的訊息，以及掌管各部門的四大巨頭。

關於組織重整有兩大要點，第一是成立消費產品和設備集團（CPDG），主要經營電視、攝影機之類的主力家電產品。至於SCE經營的電玩事業和「VAIO」電腦事業，改由網路產品和服務集團（NPSG）經營。

過去索尼的各項產品和服務，都有不同的營運體制，新成立的集團反而沒有明確分權。霍華德的用意，是要消除各自為政的問題。他提出了「Sony United」的概念，更把索尼比喻成穀倉裡的筒倉，各單位之間有嚴重的隔閡，所以他要打破那些隔閡。換句話說，這是霍華德改革索尼非常重要的措施。

包含我在內，那一場記者會有四名重要人物參加。吉岡浩先生成為 CPDG 副社長，原本擔任 VAIO 事業本部長的石田佳久先生，改當 SVP（資深副總裁）兼電視事業本部長，負責輔佐吉岡先生。我兼任 SCE 社長和索尼 EVP（副總裁），負責掌管 NPSG。最後一位鈴木國正先生繼承石田先生的位置，掌管 VAIO 的業務，同時擔任 SVP 和我一起管理 NPSG。

簡單來說，就是「吉岡、石田」管理 CPDG，「平井、鈴木」管理 NPSG。霍華德把我們一一叫到台上介紹，還稱呼我們「索尼四劍客」。我想那應該是他臨時想到的稱呼吧，後來媒體經常使用「四劍客」一詞，甚至說我們是下一任 CEO 候補人選，準備角逐接班的資格。老實說，媒體的報導也不算錯，霍華德自己就說過，下一任接班人會從四劍客中挑選。

我一下子被拱成索尼的接班候補，說句老實話，這件事我根本沒放在心上。雖然我在母公司也肩負重任，但我仍然是SCE的社長，重振PlayStation3的目標也尚未完成。

第三章也提過，降低PlayStation 3的成本是一個漫長的過程。直到二〇〇九年九月「CECH-2000」型號的新主機問世，才終於看到曙光。當時我獲得了四劍客的名號，新款主機的開發也漸入佳境。

媒體說我是下一任執行長的有力人選，我自己是沒什麼感觸，這種想法也不是我獨有。看一下其他的「四劍客」人選，各位就會明白我的意思了。

吉岡先生當年五十六歲，比我們稍微年長一些，剩下三人介於四十五到五十歲之間。吉岡先生過去都負責索尼的核心業務，好比索尼行動通訊、音響設備、電視產品等等。石田先生和鈴木先生，也有在電子部門工作的經驗。索尼以電子事業起家，在他們眼中音樂界出身的人純粹是客將吧。

「反正我是湊數的吧。」

我是真的這樣想。我只待過音樂界和電玩產業，有機會名列接班的「四劍客」之一，其實還是挺光榮的。高層也不是真的認同我，而是娛樂部門的人對母公司缺乏向心力，所以母公司才想釋出一個友善的訊息，證明他們也認同娛樂部門的貢獻。現在娛樂部門是索尼的核心事業，但過去大家可不這麼認為。

不過，我最大的課題依舊沒變，重振 PlayStation 3 的業績才是我的目標。現在回想起來，我過去經營 SCE 的方式，還是有值得反省的地方，霍華德提出「Sony United」的理念，我應該可以為那個理念做出更多的貢獻。問題是，主機賣越多賠越多的狀況沒解決，我必須全心去處理那個難題。

容我補充一點以免各位誤會，身為索尼的副總裁，我並沒有輕忽網路部門的工作和底下的電玩業務。正確來說，雷曼風暴造成日本電機大廠業績衰退，索尼二〇〇八年度也留下有史以來最大的虧損，情況十分嚴峻。在這種狀況下得到接班人的資格，老實說我也沒那個心力去在意，因此多少有點事不關己的感覺。

風雨中的曙光

到了二〇一一年，我周遭的狀況有了很大的轉變，每天都像在風暴中艱辛前行一樣。

同年的三月十日，也就是東日本大地震發生的前一天，我又多了索尼副社長的頭銜，不再只是 SCE 的社長。過去的久多良木先生也是這樣，現在我扛下了索尼和 SCE 這兩大企業的重任。

當時，SCE 最頭疼的 PlayStation 3 賠本問題已經解決，終於要反守為攻了。下一代主機 PlayStation 4 也進入開發，預計在兩年後開賣。

我接下久多良木先生的位置時，重振 PlayStation 3 的難度遠超預期，公司內部也瀰漫著一股挑戰意識。如今，SCE 的經營總算有了起色，組織營運也逐漸上軌道了，稱得上是理想的狀態。

可是，我心中還是有難以言喻的疑惑。沒錯，SCE的營運上軌道了，從這個角度來看，當時也的確適合接下索尼的副社長職位。

索尼的副社長一職，主要掌管一般消費產品和服務，好比電視、攝影機、數位相機、電腦、電玩等等。電玩產業我已有一定程度的了解，但電視、攝影機這類電子部門的生意，我同樣是個門外漢。而電子部門積弱不振，更是索尼最重大的經營課題。

一個門外漢該如何重振索尼的核心部門呢？我身上的使命實在太沉重了。隔天下午兩點四十六分，我在公司開會時，整間大樓突然劇烈搖晃。

相信日本人對那場大地震都還記憶猶新，也有各自的經歷和感觸吧。我也一樣，真的寫下去我怕自己停不下來，所以關於震災的記憶我就不多談了。

索尼位於東北的工廠和開發據點，也蒙受震災。據說，宮城縣多賀城市的仙台科技中心遭遇海嘯衝擊，當地員工和居民共計一千兩百多人逃到二樓以上的區域，在寒風中撐過一夜。

多虧員工和志工們的努力，索尼的各大據點算是很快就恢復運作了。儘管員工和家眷的生活依然清苦，離過去正常的水準還有一段距離，但他們也開始朝未來邁進了。

就在這節骨眼上，索尼碰到了另一個跟震災無關的挑戰。

索尼遭駭

這起事件發生在四月十九日，當天美國時間下午四點多，加州的伺服器突然無預警重新啟動，顯然運作出了問題。後來查出是駭客入侵，隔天我們終止伺服器的網路服務，也就是PlayStation Network。駭客趁索尼疲於應付震災之際，發動了大規模的網路攻擊。

不過，具體來說到底受到了哪些損害，必須分析大量數據後才能釐清，所以當務之急是分析數據，釐清受害的狀況。而這也是索尼事後受到嚴重批判的原因，索尼一直到二十六日（美國時間）才公布資訊外流的消息，外界批評為什麼不早點公布。

公布那則壞消息的前一天，也就是日本的二十六日，索尼即將舉辦第一款平板產品的發表會。那款平板是我們開發來對抗 iPad 的利器。

那一天，我在東京發表會場的講台上，介紹網路時代的全新產品有何魅力。諷刺的是，索尼同時受到了網路時代的黑暗面侵襲，我們逐漸查出駭客可能盜取了內部的資訊（當下還不確定）。當然，我在會場上沒有提及這件事。

到頭來，我們公布索尼可能被盜取了七千七百萬筆個人資訊，包括用戶姓名、地址、電子郵件等等，其中還有加密的信用卡資訊。到了這個地步還只公布聲明稿，大眾當然無法接受。

作為一家全球知名的大企業，我們應該表達什麼？關於這一點公司內部意見分歧，我主張立刻召開記者會，公布目前所有知道的消息，並且向社會大眾道歉。可是，負責法務的副總裁妮可・塞利格曼（Nicole Seligman）女士，卻持完全相反的意見。

在美國，企業遇到這種問題時，應該在什麼時間點公布哪些訊息，每一個州都有不一樣的規定。更何況，索尼是網路攻擊的受害者，事實上我們也請求美國聯邦調查局（FBI）偵辦調查。最關鍵的是，在尚未釐清訊息的情況下，冒然召開記者會道歉，可能會引發全美各地的集體訴訟。這就是她的見解。

妮可是一位優秀的律師，曾經處理過美國總統柯林頓的性醜聞。身為美國的法律專家，她提供的意見或許是正確的。然而，索尼是一家日本企業，我們總部在日本，而且在日本經營事業，我認為必須讓日本的消費者及相關人士，立刻了解現有的訊息，好好向他們表達歉意。

好死不死，執掌大權的霍華德又回紐約放假。地震發生的前一天，他參加高層會議指派我當副社長以後，就飛回美國動手術了。他有腰痛的老毛病，那陣子惡化得很厲害。其間他曾回來日本，鼓舞東北的受災據點，但很快就回到紐約繼續治療了。

「公司完了！」

由於索尼一聲不吭，整件事在媒體上鬧得沸沸揚揚。不能再拖下去了，我直接打電話到紐約警告霍華德。

「在日本遇到這種事一定要道歉。日本有日本的文化，你必須接受。不好好道歉，搞不好整間公司會完蛋。我們不能說自己也是受害者，這樣大眾感受不到道歉的誠意。這件事交給我來辦，你讓我處理就好。」

最後霍華德也同意了。於是，索尼選在五月一日黃金週期間，於總部大樓的會議廳召開記者會，報告目前的調查狀況，以及今後的應對措施。本來會議廳都是用來公布新產品的。

記者會一開始我就低頭道歉，畢竟我們給消費者帶來了極大的不安和困擾。企業遇到這種問題，應該先對誰交代呢？我認為應該先對消費者交代。

這一起網路攻擊的規模前所未見，美國也有不少議員批判我們。我請霍華德在紐約召開記者會，同時我也透過視訊參加。換句話說，我們要展現出一種有誠意的態度，把現階段知道的訊息告訴大眾。多虧適當的挑戰處理，過熱的輿論總算慢慢平息了。

當時的挑戰處理方式，也帶給索尼非常大的教訓。通常我們遇到意料之外的挑戰，很難馬上掌握事件的全貌。

企業當下能做的，就是坦承現階段知道的訊息，哪怕不完整也沒關係。當然，也要告訴大眾那些訊息並不完整。

更重要的是，一定要保證在某個期限內，持續更新進一步的訊息。每一次更新訊息，都要有詳盡的說明。要讓大眾知道，雖然一開始你給不出完整的訊息，但一有最新的訊息就會詳細公布出來。

我相信很多企業的挑戰管理教範中，都會談到類似的問題該如何處理。不過，大多數的教範都只有一些冠冕堂皇的內容，說來慚愧，當時的索尼就是如此。真正碰到麻煩時，那種教範根本起不了作用。

在挑戰發生的各個階段，應該做好哪些措施，這些問題要有具體的行動選項，才能選出最適當的做法。身為一個領導者，平日就該做好面對挑戰的準備。

成為社長

從東日本大地震發生的那一天起，整個二〇一一年就像在風暴中前行一樣。好不容易那一年過完了，霍華德問我願不願意接下社長大位。當時媒體報導，我會接下社長的位置，霍華德則改當會長和執行長。起初我們討論的結果也是那樣，但中途又發生了變故，霍華德希望我接下社長和執行長的位置。到頭來，霍華德沒有當上會長或執行長，而是只當一年的董事會議長來輔佐我。

不管原因為何，總之索尼的經營重擔交到我手上了。前面我也提過，我雖然名列四大接班人選之一，但我真的沒有太大的感觸。況且依照我過去的資歷，我也沒想到自己能當上索尼的社長。

我一開始在索尼音樂服務，也十分投入音樂界的工作。後來被外派紐約，當時的上司丸山茂雄先生又請我去電玩產業幫忙，我才接觸到 SCEA 的業務。起先我以為自己只是暫時去幫忙的，現在看來那是我人生的轉機。

深入了解電玩產業後，我深受這個業界的吸引，一轉眼就過了十七年。我不管到美國還是日本的 SCE 東京總部，都發誓要在當地過一輩子，可惜這些心願並沒有實現。像我這種人會成為索尼的領導者，人生的際遇實在不可思議。

綜觀我過去的職涯經歷，我在 SCEA 和 SCE 都有重振組織的功勞。但下一個交代給我的工作，竟然是要我統領整個索尼集團，這難度遠遠超出過去的挑戰。經歷過二〇一一年的風暴洗禮，我對這點有很深刻的感觸。

「你還真敢接下社長的位置啊？」

「平井你在想什麼？」

很多前輩用半開玩笑的方式鼓勵我。其實明眼人都看得出來，索尼的狀況很糟。我接下社長的位置時，索尼已經一腳踩在斷崖上了，數據也證明了這一點。

整個集團的合併損益已經連續四年虧損，而且虧損額度越來越高，二〇一一年度的虧損高達四千五百五十億日元，這可是有史以來最高的虧損紀錄。最主要的原因同樣是電子部門積弱不振，當時電視機事業已經連續虧損八年了。

我當上副社長的頭一年，實際接觸電子部門的業務後，有一個非常深刻的感觸，索尼不做出變革是不行的。因此，我心中早就決定要接下社長的位置了。

那時候索尼集團的員工總數高達十六萬兩千七百人。一開始我看到公司規模這麼龐大，真的嚇到差點暈倒。更糟糕的是，公司內部瀰漫著一股萎靡氣息。

然而，過去我擔任副社長，也在大風大浪中歷練了一年，多次見識到底下員工的志氣，他們碰到問題並沒有得過且過。當然，或許是遇到地震和網路攻擊這類緊急狀況，我才特別感受到他們的努力吧。尤其底下的年輕人，更是充滿一股拚勁和熱忱，年輕人不只有挑戰意識，甚至期許自己做出更多貢獻。

「看來索尼還大有可為啊。」

底下的員工帶給我很大的希望，同時我也了解到，激發他們內心潛藏的熱忱，讓索尼成為一家朝氣蓬勃的公司，才是我該完成的使命。

問題是，要重振一家連續四年虧損的企業可不容易。風暴還沒有結束，不，接下來才是真正的考驗。

起步維艱

「為了索尼的將來，我們在某些情況下勢必得做出沉痛的抉擇。」

二月二日，我在就任記者會上做出了這番宣言。來參加的各大媒體，也不是抱著祝福之意來看新任社長的。記者的焦點都放在業績惡化和裁員議題，而我自己也用沉痛二字來形容未來的決策，代表不用雷霆手段無法擺脫挑戰。但我還加了另一段話。

作者和霍華德·斯金格先生（2012 年 2 月）

「競爭對手和整個大環境，不會停下來等我們復甦，更不會給我們喘息的空間。我們必須對嚴厲的現狀有所自覺，抱著堅定的決心完成改革。」

這一番話都是我的肺腑之言。四月一日我就任社長兼執行長，第一份工作就是在十多天後的四月十二日，召開中期經營計畫的記者會。我不得不宣布裁撤一萬名員工，這是組織改革沉痛的一環。

「電視機事業連續八年虧損了，有繼續存在的必要嗎？」

台下也有媒體提出尖銳的疑問。我的答覆是，我們依舊保有強烈的決心，要繼續提供消費者優良的電視產品。媒體和記者對此表示懷疑，我只能用成果來證明一切。

社會的嚴厲批判，在往後幾年都沒有平息過。

股東大會預計在六月底舉行，但索尼的股價已經先跌破千元大關了。這是三十二年以來的低點，許多股東在會場上對我們高層叫罵。

「股價跌破千元大關也太可恥了吧。」

「所謂的新制度，不過就是換個說法而已，根本換湯不換藥嘛。」

「你們對現狀的認知不足。」

這些合理的批判我們都虛心接受。我唯一能做的，就是成功扭轉索尼的劣勢，帶著豐碩的成果回應股東們的勉勵。我在就任記者會上也說過，我有承擔責任的覺悟。

所有人都對我的領導抱有疑慮，我就在這種壓力下重建索尼。這是我職場生涯第三次重振企業了，這一次背負的責任不可同日而語。

那麼，該先從哪裡下手呢？還是跟過去一樣，我決定親自去第一線，了解基層員工的心聲。

「愉快的理想工廠」的初心

前面也提到，召開中期經營計畫的記者會，是我擔任執行長的第一件工作。其實這個說法不太正確。應該說，這是我在大庭廣眾下的第一件工作。四月二日禮拜一，我對新進員工發表訓示，隔天又趕往宮城縣多賀城市的仙台科技中心，那裡是東日本大地震的受災區。我來不及在震災滿一週年的三月十一日造訪，所以我決定一當上社長，就要趕快去了解當地復甦的狀況。

首先，要親自前往第一線了解員工的心聲。同時，我還要展現自己的決心，一定要讓這家企業找回過去的榮耀——我的工作就從這裡開始。

當然，我不只造訪日本的據點。之後大約有半年時間，我一有空就到世界各地巡視。這趟旅程的起點是仙台，再來是泰國、馬來西亞，還有美國的四座都市、巴西的兩座都市、中國的五座都市、印度的兩座都市，以及德國的據點……換算成直線距離，差不多能繞行地球四圈吧。白天就召集當地所有員工，召開公司大會；晚上就舉辦派對，跟員工一邊喝酒一邊交換意見。

經過這一趟巡迴之旅，我更確定一件事。過去我擔任副社長所感受到的「熱忱」，是確實存在的。不管我去哪一個國家，都能感受到員工的熱忱。他們都認為索尼應該表現得更好，有時候這股熱忱真的令我自嘆不如。

不過，我還有另一個感觸。

「現在的索尼迷失了方向。」

索尼是以電子事業為核心的龐大集團，旗下還有電玩、音樂、電影、金融等各項事業，但大家的方向都不一樣。霍華德曾提倡「Sony United」的概念，我也一再重申「One Sony」的口號。問題是，純粹叫大家凝聚在一起，沒有弄清楚企業主軸也不行。

「我們應該成為什麼樣的企業？」

「索尼存在的意義是什麼？」

這種基本的問題有其他不同稱呼，例如企業使命、企業目的、企業價值、企業願景，比較老派的說法是企業理念，很多企業也提出這些觀點。然而，索尼集團內部不太重視這些東西，員工覺得討論這些老掉牙的東西很俗氣。但現在索尼涉獵的事業如此廣泛，我們必須想清楚，整個集團應該共同追求什麼目標。

仔細想一想，以前的索尼是有這些理想的。井深大先生和盛田昭夫先生這兩位偉大的創業者，在創立東京通信工業時，曾寫下企業成立的宗旨，流傳後世。

「我們要建設愉快的理想工廠，讓認真工作的技術人才徹底發揮他們的技能，過上自由豁達的職場生涯。」

井深大先生起草的成立宗旨書中，共有八大企業成立目的，上面這段話位居第一。當時日本戰敗才過五個月，整個國家還沒擺脫失敗的打擊，一切都得從斷垣殘壁中重建。

那陣子，我反覆閱讀那份成立宗旨書，總算找到了索尼該揭示的目標。過去那些技術人才來到草創期的小工廠，互相切磋自己的技能，更有超越兩大創業者的氣魄。我可以確實感受到，兩位先人真的想要維持那種愉快的工作環境。換句話說，任何一位員工閱讀這份宗旨書，都能理解東京通信工業的志向，以及應該追求的目標。

誇讚自家公司的創辦人，還有那些技藝高超的前輩，或許有自賣自誇之嫌，但我真心認為那份成立宗旨寫得很好。只可惜，如今索尼的業務遍及全球各行各業，我直接引用這一句話來鼓舞大家，也無法打動人心吧。

「感動」（KANDO）革命

我必須找出貼切的詞彙，來彰顯索尼在新時代中該追尋的目標。索尼無疑正面臨巨大的威脅，但員工內心有著蓄勢待發的熱忱。有沒有什麼標語，可以讓大家凝聚起來呢？我開始思考，如何用語言來展現索尼的全新態度。思辨的結果太複雜了，我很難用一個精準的詞彙，來闡述索尼這個龐大集團的方針。

不過，幾經斟酌後，我想到了「感動」（KANDO）一詞。

索尼應該是給予眾人感動的企業。

這才是索尼現在該追求的目標吧？這才是索尼該前進的方向吧？我相信自己找到了一個非常貼切的答案。從我個人的經驗來看，過去我自己也是索尼產品的用戶，索尼對我來說確實是一家充滿感動的企業。

這是作者少年時代的寶物，收音機 Skysensor ICF-5800。

在我小時候，索尼推出了令人驚豔的可攜式小電視，這點前面也提過了。除此之外，索尼還有好多好多產品，帶給我美好的回憶。

BCL收音機「Skysensor」，這是一九七〇年代索尼的招牌商品，對我這個機械迷來說堪稱寶物。我經常接收短波，聆聽海外的廣播節目。

那一台收音機是從秋葉原的電器行買來的，好像是我中學還高中時買的吧。我本來是想買新型的「Skysensor ICF-5900」，無奈我拚命殺價，店家就是不肯便宜賣我，最後只好買下比較舊型的「5800」了。可是，那依然是我少年時代的寶物。

其實我年紀大了以後，曾經在網路競標過一台「5900」。結果在競標結束前幾分鐘，又有人出更高的價格買走，真是不甘心啊。

另一款我愛用的產品是「TC-K55」卡匣式錄音機。這款產品在一九七九年發售，要價五萬九千八百日元。機器中間有個指針型的音量指示器，看起來非常帥氣。上面還有LED的峰值感測器，後來我才知道，LED峰值感測器是久多良木先生開發的，當時他還只是一個新進工程師而已。

二〇〇一年發售的MICROMV超小型錄影設備，也令人印象深刻，那算是比較新的產品。我當上社長後，有一次跟研究單位的人一起喝酒，我隨口抱怨那款產品容易出問題，其中一名研究員跟我道歉，承認那是他設計的不良品，當真嚇了我一跳。

隨身聽和彩色電視就更不用說了，許多青史留名的機種，都帶給消費者莫大的感動。換句話說，過去那些在「愉快的理想工廠」服務的無名英雄，他們都有一個共同的方向，就是做出震撼世人的優秀產品。

這個方針的價值照理說並沒有改變。不對，現在索尼的業務範圍太大、太零散，更應該要追求那樣的價值才對。

我直接選用「感動」來作為精神口號。與其換成英文單字，直接用日文應該更能打動海外的員工。使用他們比較陌生的日文，我認為可以促進他們思考當中的涵義。

我用「感動」一詞，來彰顯索尼未來的方針。有些讀者可能會想，你率領一家連年虧損的大企業，公司都面臨挑戰了，還有那個閒情逸致思考文字遊戲？然而，不釐清組織該走的方向，一切都沒辦法開始。根據我過去重振企業的經驗，這是絕對不能輕忽的關鍵要素。

不過，這是有前提的。這句口號必須喊到員工的心坎裡才行。否則，他們只會覺得新官上任三把火，隨便講一些動聽的話罷了。

那麼，我該如何讓他們了解，索尼追求的價值是什麼呢？我在第三章「臨場感帶來挑戰感」一節中也有提到，臨場感會營造出一種連帶感。

就這樣，我又踏上全球巡迴之旅了。

破除「高高在上」的迷思

我後來當了整整六年的社長，這六年來我跑遍世界各地的據點，召開公司大會對底下的員工精神講話，場次超過七十場。六年等於七十二個月，相當於我每個月都跑到世界的某個角落，召開公司大會。

每一個據點的會場都不一樣，大型據點的會場多半是辦公區域或工廠內的大空間。我在雪梨舉辦公司大會的時候，還包了一個可容納數百名員工的會場，請索尼音樂旗下的藝人上台獻唱。有時候我們也在小型會議室開會。在聖地牙哥我是舉辦烤肉大會，洛杉磯則是包下電影的製片場開會。

每一個據點的與會人數，還有當下的氣氛都不一樣。我不管去哪一個據點，主要就是告訴底下的員工，索尼追求的正是感動，大家要一起創造出感動消費者的商品和服務。

這個宗旨一定要領導者親自傳達才行。當然，新冠疫情爆發後不太可能，但只要有機會碰面，領導者就該前往第一線傳達，否則底下的人很難體會你的方針。光靠公司內部的文宣或宣導短片，難以達到傳遞訊息的效果。

不過，召開公司大會的重點不在於我的演講內容。我真正重視的，是議程後半段的問答時間。我去任何一個據點，一定會先說下面這段話。

「各位，大會開始之前希望你們遵守一個規矩，那就是這場大會沒有規矩。你們想問什麼盡量問沒關係。」

接下來，我還會補充一段話。

「你們要問公司的事情也好，要問我的私事也罷。現在參加這場大會，沒有什麼不能提的蠢問題。當然了，有些問題我不見得能回答，但不能回答我會老實告訴你們，所以想問什麼你們就問吧。」

事先說出這些話，底下的員工也不認為他們真的能暢所欲言。事實上，一開始幾乎沒人舉手發言。難得有人舉手，問的也都是一些無關痛癢的小問題。

大家都擔心，萬一真的問到尷尬的問題，社長大人可能會不高興，想一想

作者在印尼召開公司大會，對員工精神講話（2017 年）。

還是算了。有些人是在意其他同事的目光，他們的心情我也深有體會。因此，我必須醞釀出一種「大家真的可以暢所欲言」的氣氛。社長發表演說的場合，氣氛難免比較嚴肅，如何緩和這樣的氣氛也是一大考驗。

事先請員工提出問題，再請司儀朗讀出來是最不可取的方法。用這種方法聽不到員工真正的心聲，社長也只會說一些場面話。負責安排公司大會的庶務人員，自然不希望在社長來訪時出紕漏。但我一再要求他們，不要做那種粉飾太平的舉動。不然耗費心力開會，卻打動不了底下的員工，豈不是得不償失？而且來參加的員工，也不敢說出內心的疑問。

這時候，我會用幽默的語氣談一些私事。比方說，有一次我提起自己在其他據點開會，還有員工問我會不會幫忙做家事。

底下的員工聽到以後，有人問我是怎麼認識我老婆的。當他們提出這種問題，就達到我要的效果了。

「好問題！」

於是，我說出自己大學畢業後，加入CBS・索尼的往事，並且在那裡認識自己的妻子。我會盡量夾雜一些笑料，讓底下的人聽得開心。果不其然，大家總算踴躍發問了。

「社長，你提出的感動太抽象了，可否詳細解說一下？」

「我是泰國所有據點的財務負責人，社長你提倡統合的概念，問題是，我甚至沒見過其他相關企業的成員。這樣子是要如何做出貢獻呢？」

我就這樣一一詳細解答員工的疑問。有時候，我也會邀請妻子一起參加公司大會。除了讓她見識我認真工作的模樣以外——其實我還另有目的。貴為社長的我在妻子面前抬不起頭來，這種充滿人情味的一面，我希望展現給員工看。說真的，我們夫妻倆也沒演戲，完全是最真實的互動。

用這樣的方法，可以輕易傳遞一個訊息。站在台上的不是高高在上的社長，而是跟底下員工一樣，為了家人努力工作的索尼職員。我確實只是組織裡的一員，但我必須花點巧思告訴大家這一點。

走下神壇的經營者

我在一九八四年加入CBS．索尼，當時掌權的是第五代社長大賀典雄先生。創辦人井深大先生擔任榮譽會長，盛田昭夫先生則擔任會長。這三人都是高高在上的人物，尤其創辦人更是天神般的存在。

這兩位創辦人我只見過盛田先生。盛田先生參加 CBS．索尼創辦二十週年的紀念會，我跟其他員工排成一列，迎接盛田先生下車走入會場。儘管他走在我面前，我卻覺得彼此的距離好遙遠。他是母公司的會長，更是青史留名的企業創辦人。我不是故意神化盛田先生，只是那時候我還年輕，白髮蒼蒼的盛田先生看起來就像天神一樣。

大賀先生也是高高在上的人物。我記得，我們第一次見面是在一九九五年。PlayStation 即將在美國發售，大賀先生率領高層一起來到紐約。我被指派為介紹員，而我本來是索尼音樂的一個小係長。當我替那些大人物做簡報時，看得出來他們都很疑惑，怎麼美國當地會派一個名不見經傳的小人物上台。

總之在我眼中，索尼的高層跟我生活在不同的世界。尤其我待的不是母公司，而是旗下音樂和電玩產業的子公司，這種感觸也特別深刻。音樂和電玩產業現在已是核心事業，但過去的核心事業只有電子部門。

兩位創辦人和大賀先生，無疑是索尼的英雄，但我不是。我也不是高高在上的存在，這是千真萬確的事實，我不希望員工有這種想法。然而，或許底下的員工不這麼認為吧，光是擁有索尼社長這個頭銜，就會被當成高高在上的人物，我年輕時也有一樣的成見。

要打破他們的認知，社長必須身體力行。

我就是秉持這種想法，才會巡迴世界各地和員工對話。我經常告誡眾人，工作時不要把頭銜看得太重。仗著位高權重以力服人，絕對聽不到員工的真心話。高層和員工之間沒有信賴關係，整天高談感動或統合方向也沒用，根本打動不了人心。

不看頭銜做事

凡事要先從小地方做起，一步一步累積信賴，這樣員工才會支持你，心甘情願聽你指揮調度。

有一次我去中國的工廠視察，我不管去視察工廠或辦公室，吃飯時間都是去員工餐廳跟大家一起用餐。我一到中國的員工餐廳，發現有一塊地方特別圍起來，還掛著「VIP專用」的告示牌。我看了有點火大，而且伙食還是特製的外燴，更讓我的心情跌落谷底。

我去其他工廠時，都是跟大家混在一起吃飯的，我想知道平常他們都吃些什麼。跟大家一起吃飯，味道也特別香。

「哎呀，這裡的伙食味道真不錯！」

當我跟身旁的員工聊起伙食的味道，他們聽了也很開心。

結果，那間工廠的人卻準備特餐來款待我。唉唉，這樣不行啊……享受這種特別待遇，員工會把我當成高高在上的大人物，他們不會相信我是站在平等的角度來對談。但人家都準備好了，我也只能接受。我還特地囑咐當地的幹部，以後不要再做這種事。

還有一次我到西班牙出差，我一進旅館房間就看到一台索尼的電視。奇怪的是，電視背面一塵不染，跟其他電器相比，配線看起來也特別新。

「難不成……」

我找來安排旅館的當地幹部問話。果不其然，每次有東京的高層造訪，他們就會把房內的電視換成索尼的產品。我大嘆一口氣，望著那台全新的電視，完全不能理解為何要做這種沒意義的事。

老實說，這也不是當地幹部的錯。過去一直都是這樣做，大家也習以為常了。因此，我只好解釋自己的想法，請他們務必改善。

聊個題外話，過去我擔任 SCEA 社長時，成功減重了二十公斤。有一次我拿出結婚時的照片給女兒看，女兒竟然笑著說，我現在的樣子跟以前差太多了。那陣子我也有不少上台演說的機會，好比參加產品展示會什麼的。

我們公司做的是消費者的生意，社長更是一家企業的門面，我開始有強烈的自覺。用幽默機智的方式介紹自家的產品和服務，是領導者不可或缺的素養，後來我也很努力維持體態。

另外，我也經常留意自己在員工眼中的形象。再重申一次，身為社長必須身體力行，否則會被員工當成高高在上的人物，這算不上「放下頭銜做事」。

我對自己的舉手投足也非常注意。例如，員工的孩子進入小學就讀時，我們會舉辦書包頒贈典禮，這是井深先生的創舉。我們會請其中一名小朋友擔任代表，上台領取書包。我的身材本來就比較高大，站在小一新生面前就顯得高高在上。所以，我先單膝跪地，迎合小朋友的視線高度，再把書包交出去。

當然，這純粹是一點貼心的舉動罷了。但參加這場贈與會的家長，我相信一定有人明白我的用意，這也是我堅持的原因。

現在回想起來，工作時不要把頭銜看得太重，這個觀念就是丸山茂雄先生教我的。他是我過去在索尼音樂的上司，也是帶我進入電玩產業的人。

索尼音樂的前身是 CBS・索尼，丸山先生算是創立元老之一。前面也提過，久多良木先生起初開發 PlayStation，激起內部的反對聲浪。為了讓他無後顧之憂，丸山先生將他拉進自己創立的 EPIC・索尼。

後來，丸山先生兼任索尼音樂和 SCE 的副社長，過一段時間又成為索尼音樂的社長，還有 SCE 的會長。仔細想一想，這是非常了不起的升遷速度，但他跟我們講話的口氣，一直保持隨和風趣的態度。不管他職位多高，多半是穿白色 POLO 衫和牛仔褲。當然，談到商業問題他也會做一些艱難的決策，但他給我們的印象，就是一個爽朗豪邁的人。

不可思議的是，只要是丸山先生做的決定，就算多少有點強人所難，我們也會心甘情願去完成，甚至在無意間全力以赴做到好。

過去我在 SCEA 也是這樣。看到丸山先生辛苦往返東京和福斯特城，我也決定要好好努力才行。他拜託我當 SCEA 的社長，我也不好意思拒絕。應該說，我盡了自己的全力，來報答他的知遇之恩。丸山先生真的是一個不重視頭銜的人，企業經營者要有極高的ＥＱ，他就是最佳的典範。

我在年輕時有幸碰到這麼一位領導楷模，真的十分幸運。

豐田汽車教我的事

對了，我不是只有新官上任那段時間才宣揚「感動」的理念，而是整整六年都在耳提面命。我就像一台壞掉的錄音機一樣，苦口婆心重複下去。不做到這個地步，很難深入員工的內心。

豐田汽車的豐田章男社長，他的做法很值得參考。我們平常參加某些活動，也就是點頭之交的關係罷了，但他比我早三年當上社長。他當上社長以後，一直呼籲底下員工，要做出更棒的汽車。不是只呼籲一、兩年而已，是從來沒有停過。像豐田先生這麼有領導者魅力的經營者，也必須耳提面命才能改變整個組織的觀念。這也讓我了解到重複提醒的重要性，並且付諸實踐。

說到豐田先生，還有一件事令我相當敬佩。他不只是豐田汽車的社長，他還有考取賽車選手的資格，以賽車手的身分實際開上賽道，甚至參加比賽。放眼日本和全球的汽車產業，大概找不到比他更熱愛汽車的領導者了。

這種參與感很重要。當豐田社長戴上安全帽，穿起連身的賽車服，手握賽車的方向盤，那種模樣會傳遞一個強烈的訊息。員工們領悟到，他們的社長是真心喜歡車子。豐田社長不用把熱情掛在嘴邊，底下的員工也能明白。這一點我真的佩服得五體投地，套一句我的說法，這就是「臨場感會營造出的連帶感」。而這麼做還有一個很大的作用。

「領導者應該熱愛自家的商品和服務。」

這也是我常說的一個觀念。

豐田先生用一目了然的方式，傳達了這樣的訊息。當然，他熱愛車子是千真萬確，並不是刻意表現出來的。若非真的熱愛，無法把人生都投注在車子上面。

再度點燃工程師魂

我和豐田先生一樣，都不具備工程師的專業能力。然而，實際開發產品和服務的正是那群工程師。

那麼，該如何激發他們的創造熱忱呢？

這也是非常重要的課題，可以說是重振索尼不可或缺的要素。

豐田先生以賽車手的身分做到了這一點。我則拚命思考有什麼方法，能夠宣揚我對索尼產品的熱愛。我對索尼的熱愛不是嘴上說說，是真的非常喜歡。不過，這份熱愛也要表達出來才有意義。

所以，我決定親自接觸開發的最前線。我要用自己的話，向那些工程師訴說我的熱忱。舉例來說，我跑了好幾趟厚木科技中心（位於神奈川縣厚木市），那裡是索尼在日本境內最大的研發中心。只去一、兩次是不夠的，我離開之前一定會說「改天再來」。

首先，我請那些工程師炫耀自己的發明。索尼的所有研發中心都是寶庫，工程師也有自己的創意和堅持，但他們似乎都有一種悲觀的看法，認為公司的高層根本無法體會他們的用心。因此，我請他們盡情炫耀自己的發明。真的很有趣的話，我就會如實表達感動和讚賞。我不是演給他們看，而是真心覺得了不起。

聽那些工程師談論自己的驕傲，我也會思考一些腦力激盪的問題，看看有沒有辦法突破他們的盲點。有一次，某位工程師說他開發了高感度的影像感測器，可以在黑暗中正確感測物體的形狀。於是我問他，那東西放到太陽下面還管用嗎？他一時語塞說不出話來。我要的就是那樣的效果，並不是故意要問倒他。

接下來，我半開玩笑地說，新的影像感測器果然有些缺陷。不過，我也真誠地表達我對他的期待。我說，新的發明真的很了不起，我期待下次來的時候，看到新發明也能在明亮的地方使用。達成約定後，我下次造訪研發中心，工程師就主動秀給我看。

研究開發不可能一帆風順，有時候進展非常緩慢，那也無所謂。重點是表達我的期待，讓工程師知道，他們的努力我有看在眼裡。要一點一滴，扎實地建立這種人際關係。所以，每年象徵性參訪一次是不夠的。

我不是工程師，更不是電子部門出身的員工。要知道，電子部門不管在哪一個時代，都是索尼的重中之重。如果你問我懂不懂工程師的對話內容，老實說很多東西我聽不懂，但我會盡最大的努力去學習和理解。即便如此，我的專業素養還是比不上優秀的工程師。

然而，我熱愛索尼的產品和服務，這份熱愛絕不輸給任何人。

還記得小時候，索尼的微型電視帶給我很大的感動。BCL 收音機 Skysensor ICF-5900 我做夢都想要，只可惜我買不起。另外，MICROMV 超小型錄影設備雖然有點難用，卻也不失為一個好產品。

跟工程師對談時，我經常提起自己用過的經典產品。我天生就喜歡機械，對照相機更是情有獨鍾，算是有點狂熱的地步。因此，一提起照相機我就停不下來。後來我才知道，他們工程師之間會互相提醒，千萬不能在我面前提起照相機，不然永遠聊不完。

「領導者應該熱愛自家的商品和服務。」

說句實話，我不是強迫自己熱愛自家的商品和服務，而是不知不覺間就愛上了。我必須讓員工知道，我不只是熱愛索尼而已，我的熱愛絕不會輸給任何人。還有，真正的光榮屬於員工，以及他們創造的產品和服務。這才是我身為領導者的工作。

厚木科技中心每年夏天都會舉辦慶典，廣邀員工家屬和當地居民參加。只要我有時間一定會去共襄盛舉，只不過，我會用一種跟朋友聚會的心態參加。參加慶典是一個很棒的機會，可以喝著啤酒，跟工程師聊起自家的產品和服務。我不想破壞慶典的休閒氣氛，所以也會告訴其他幹部，要參加的話至少穿短褲去。

我的職涯起點是音樂界，幫助藝人發光發熱是首要之務。可是，現在我有一個感悟，其實經營索尼集團的所有事業，都是同一個道理吧？要做出亮眼的產品和服務，得先讓底下的員工發光發熱。

當然，我們該重視的不只是電子部門的工程師。索尼生命保險的業務員又稱為人生規劃專員，這個名字的初衷是，陪伴客戶一起規劃他們的人生。業務員提供保險產品，是要幫助客戶過上更美好的人生。招攬保險很辛苦，這些業務員沒有發光發熱，整個索尼生命保險又豈會有榮耀可言？

索尼再攀高峰

我先從音樂界轉戰電玩產業，再從電玩產業轉戰索尼母公司，每一次轉換跑道都在重振企業。而索尼集團的潛力也一再令我驚豔，我現在都還記得，自己第一次玩 PlayStation 的實感賽車有多震撼。到厚木科技中心聆聽工程師的高見，我也一樣感動。這些感動是怎麼寫都寫不完的。

2018 年消費電子展的演說會場（2018 年 1 月美國拉斯維加斯）

我再一次體認到，讓員工和產品發光發熱才是我的工作。幸好我每一次轉換跑道，都遇到了美好的人才和技術，加深我的這份使命感。

最後容我自賣自誇一下。我一直耳提面命重申感動的重要性，主要是索尼集團的寶庫感動了我。所以我才堅信，這家企業一定有辦法重拾往日的榮耀。

第 5 章

改革之路

賣掉「550 Madison」

儘管索尼長年積弱不振，但員工心底都有高度的熱忱。解放那股熱忱，讓這家企業再次發光發熱吧。

我決定巡迴世界各地，宣揚「感動」的理念。但在我付諸行動之前，有一個不得不為的沉痛決策等著我去做，打從一開始我就有心理準備了。我在就任記者會上說過，要重振索尼勢必得有一些沉痛的改革。

我當上社長的隔週，就公布了大規模的改革方針，包括賣掉中小型顯示器和化學製品的事業，以及降低電視事業的固定成本。不過，我自己也很清楚，這些還算不上根本的改革措施。要讓索尼發光發熱，就得用上更加強烈的手段。而且，索尼肯定會承受前所未有的痛苦。

我一當上社長，就決定賣掉紐約的美國總部「550 Madison」。過去我在

CBS・索尼擔任係長，後來被外派紐約，就是在那棟大樓上班。那棟大樓位於曼哈頓的麥迪遜大道。

據說，不少美國人以為索尼是美國企業。根據一份調查顯示，有將近兩成的美國人認為索尼是美國企業。

因此，那棟大樓有象徵性的意義，可能也是美國員工的驕傲。我要賣掉的就是那樣一棟建築物。

我決定賣掉紐約的美國總部大樓
「550 Madison」

我命令索尼美國（Sony Corporation of America）賣掉那棟大樓，遭到當地高層的強烈反對。經過多次交涉，他們都用市況不好為藉口，試圖拖延我的命令。我也不打算退讓，但還是拖到隔年才真正賣掉，賣了十一億美元。

賣掉大樓最大的用意是要強化財務紀律，此外我還有一個用意，就是對公司內部傳達一個強烈的訊息。

「接下來索尼會進行結構重整，改革沒有禁忌可言，也不會有貴古賤今的問題。我決定要做的事情，就一定會做到底。」

那棟大樓是索尼在美國成功的象徵。賣掉那棟大樓，就是用行動證明我改革索尼的決心。

重整電視事業

推動索尼改革最關鍵的課題，就是重振連年虧損的電視事業。我接下社長大位時，電視事業已經連續虧損八年了。過去電視是索尼的招牌產品，如今卻成了索尼積弱的象徵。在我所有的改革方針中，重振電視事業是非常重要的一環，也是唯一被我點名的事業。

只不過，電視事業的改革方向已經決定了，經營團隊也開始朝那個方向邁進。我擔任社長的那幾年，經常有人問我要不要賣掉電視事業。我從來沒打算賣，因為我確信索尼的電視事業還大有可為。

然而，要做到這點必須採取根本的改革措施。也就是改走「重質不重量」的方針，我們必須放棄以量取勝的經營方式。

索尼二〇〇九年十一月提出的中期經營計畫，預計在二〇一二年度以前，搶占全球百分之二十的電視市占率。從全球的市場規模來推算，代表每年要賣四千萬台才行。

這個數字根本是不切實際的虛幻目標，超過了索尼當時銷量的兩倍以上，必須擴大委外生產的力度，才能勉強達標。

會提出四千萬台的目標，主要也跟強力的競爭對手有關。三星和樂金等韓國大廠的全球市占率突飛猛進，中國的大廠也後來居上了。電視是索尼的招牌產品，更是家電中的王者，永遠擺在客廳最顯眼的地方。

索尼為了保護電視事業，才提出四千萬台的構想。問題是，太過看重數字的結果，反倒沒有顧及成本效益，只是一味追求市占率而已。

下場就是，索尼被迫和韓國、中國大廠進行永無止境的削價競爭。四千萬台這個數字太好高騖遠了，以至於索尼自己走上了削價競爭的擂台，而這根本不是我們該做的事情。換句話說，索尼自己把電視當成了可替代性的商品，就是最大的敗因。

要先顛覆這個大前提，才有辦法重振電視事業。這也不是我一個人的結論，二〇一一年我擔任副社長時，負責掌管電視和其他消費產品事業。重振電視事業這個難題，我交給了今村昌志先生和高木一郎先生。

這兩位都是我的前輩，我選擇他們來處理是有特殊涵義的。過去今村先生和高木先生曾經重振過「數位影像事業」，數位影像事業主要販賣數位相機和攝影機之類的產品。

尤其在數位相機的領域上，他們的成績是有目共睹的。數位相機的市場規模從二〇〇三年開始急速擴大，索尼很早就推出「Cyber-shot」的品牌打入市場。

等市場正式擴大以後，新品牌也持續推出不同系列的產品。這種略嫌亂槍打鳥的策略，主要也是意識到三星的威脅。三星就是靠著數位相機後來居上的。

換言之，數位相機事業跟後來的電視事業一樣，都把自家商品當成可替代性的產品。多虧有今村先生和高木先生，才導正了這個亂象。不僅如此，他們還買下柯尼卡美能達的單眼相機事業，奠定日後「α」系列的基礎，這個系列代表索尼改走高階數位相機的路線。我認為這個經驗，也能用來重振索尼的電視事業。

我們的第一步，就是撤銷四千萬台這個目標。我和今村先生、高木先生多次對談，終於討論出共識。索尼不該一味追求銷量，而是要跟其他廠商的產品做出區別。

二〇一一年十一月，我們把四千萬台的銷售目標降到了兩千萬台。當時擔任副社長的我在記者會上表示，索尼會以堅定的決心改善電視事業的虧損。說實話，那陣子該做的事情太多了，我們才剛站上起跑線罷了。

不以量取勝，意味著要精簡銷售通路。電視事業連年虧損的另一個原因，就是海外的銷售企業數量，遠超過我們能負荷的程度。搞到後來我們自己都分不清楚，到底是為了賣產品才增加銷售企業，還是為了維持銷售企業，才勉強賣這麼多電視。

於是，我決定貫徹重質不重量的方針，破除這個惡性循環。取消四千萬台的銷售目標，下一步是統合底下的銷售企業，意思是斬斷不必要的合作關係。果不其然，這個決策引起了強烈的反彈。

彈壓雜音

大多數的反對聲浪來自索尼內部，銷售企業不只販賣索尼的電視，還有販賣數位相機、攝影機等其他產品。電視是家電賣場的重點商品，減少銷量會發生什麼事呢？

與銷售企業合作，就相當於跟中盤商合作，透過沃爾瑪或百思買之類的零售商販賣索尼的產品。電視堪稱家電賣場的重點商品，減少電視產品的供貨量，索尼旗下所有電子產品的賣場會跟著變小。這也是內部反對聲浪不斷的原因。

「到時候電視機賣不好，連數位相機和攝影機的販賣空間都會被砍掉。」

我一直有聽到類似的怨言。不久後，公司內部流傳另一種批判的聲音。

「賣電視一定要先衝出銷量。平井那傢伙，根本不懂電子事業。」

確實，說到電子事業我是大外行，但大外行也看得出來，當年索尼有一個積弊和陋習，我們的銷售模式過於依賴電視的銷售數量了。

為了販賣其他的家電產品，我們犧牲了電視事業的利益，被迫以低價和韓國、中國大廠正面對決。

下場就是連年不斷的虧損，這也是高層過於尊重內部意見的後果，現在我必須斬斷這個惡性循環才行。

這個結論不是我先提出來的，也不是今村先生和高木先生先提出來的。稍微分析一下過去的狀況，就會得出這個結論。擺脫以量取勝的經營模式，是早晚要做的事情。因此，索尼必須先放棄海外的銷售企業……該做什麼已經很清楚了。

「這件事非得由我來做嗎……？不用做到這麼絕，應該也還撐得下去吧？」

我想，這才是過去那些高層的心態吧？說穿了，就是拖延問題罷了，大家都不想當壞人。

我以前是SCE的社長，接觸的又是非主流的電玩事業，所以其他人可能會覺得我的看法有點偏頗，但我不認為自己有說錯。

這個問題輪到我和今村先生、高木先生面對時，已經沒法再拖延下去了。電視事業連續虧損八年了，如果連我們都選擇拖延，員工也會產生得過且過的心態，即便他們心裡也知道公司面臨重大的挑戰。這樣子無法讓底下的人產生挑戰意識，現任的經營團隊必須在病入膏肓之前採取行動。

別看我說得很悲觀，其實我真的相信電視事業一定可以重振雄風。只要不再打削價競爭的策略，和韓國、中國大廠做出區別，有朝一日肯定能撥雲見日。

按照今村先生的說法，新的電視要徹底追求「畫音」，也就是追求畫質和音質。用高出同業的畫質和音質來決勝負，這正是我一再重申的「感動」理念。

具體方法是，大量挹注資金開發晶片組和音響設備，這兩大項目和消費者的

【圖表三】電視事業的損益變化

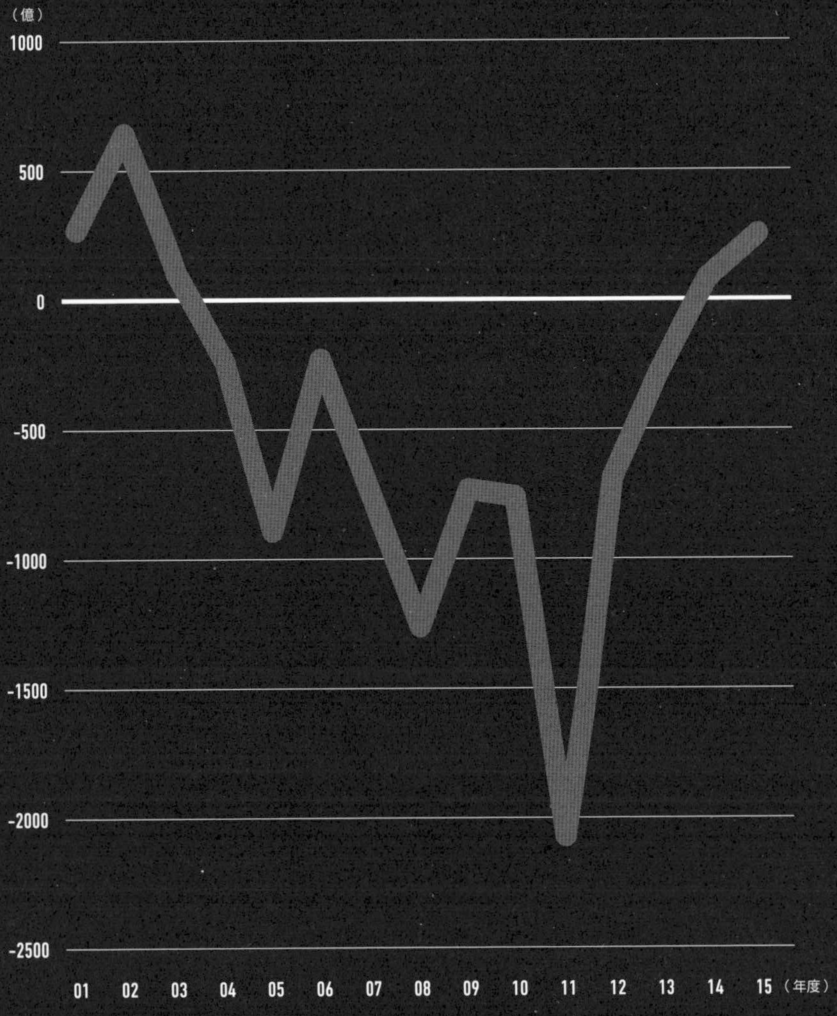

滿意度有直接的關聯。只不過，要做出感動每一位消費者的水準，不是一蹴可幾的事情。

直到二〇一五年左右，重質不重量的成果才開始顯現出來。從那時候開始，索尼推出的新產品搭載了「X1」4K高畫質處理器，支援高解析度音源。後來，我們集中投資4K高畫質電視。堅持努力下去，消費者才會感受到索尼的電視脫胎換骨。

二〇一四年度的會計數據顯示，電視事業終於轉虧為盈了，這可是苦了十一個年頭才有的好成績。

向蘋果學習

談一點題外話，我想大家也看過媒體比較索尼和蘋果這兩家企業。在我看來，索尼和蘋果涉足的事業完全不一樣，但有些部分還是能比較一下。

蘋果二〇〇七年推出 iPhone，二〇一〇年以後智慧型手機在全球普及。蘋果的產品充滿創新，世人為之驚豔。相對地，索尼失去了往日的榮光。報導也多半是這麼寫的。

事實上，索尼曾經考慮要併購蘋果，這算是業內人士才知道的消息。詳情我也不是很清楚，這是一九九五年就任社長的出井伸之先生，在接受採訪時說出來的祕密。出井先生在當上社長之前，就寫了一份未來十年的展望報告，當中提出了一個分工構想。

假設未來索尼買下蘋果，那麼索尼負責「AV」（影像、音響）事業，蘋果則負責「IT」事業。只是，當年索尼忙著強化電影、音樂等娛樂事業，出井先生也不是真心要併購蘋果。

簡單來說，這個構想純粹是一種腦力激盪。但出井先生會提出來，主要也是當時蘋果的經營狀況不好，股價持續低迷的關係。也有媒體報導，佳能和IBM也曾考慮併購蘋果。

一九八五年，蘋果的共同創辦人史帝夫．賈伯斯被逐出蘋果後，蘋果的經營狀況就大不如前了，這也是眾所周知的事實。直到一九九七年賈伯斯回歸，蘋果迅速回歸正軌，並且大幅飛躍成長。個中故事我就不多提了，這儼然是經濟史上最戲劇性的逆轉勝。

我當上索尼社長的隔一年，重振索尼的大計還未竟全功，知名的英國金融記者在美國金融網站發表了一篇報告，標題是「蘋果何不收購經營不善的索尼」。可以說，兩家企業的立場徹底顛倒過來了。

身為索尼的經營者，我也沒有太在意那些報導，畢竟兩家企業性質完全不一樣，但外人還是常拿索尼和蘋果來比較。

然而，蘋果確實有值得我們學習的地方。過去蘋果幾乎處於瀕死狀態，在這種艱困的狀態下重新起步，不僅治理得井井有條，還充滿領導的睿智，一再推出優秀的產品和服務。蘋果證明了，只要有心就能重拾往日榮耀。

蘋果有賈伯斯這位充滿領導者魅力的領導人，徹底執行改革計畫。他還沒回歸蘋果時，有一次我們相約碰面談生意。

他全身上下充滿一種活力和衝勁，這是我對他的印象。開會時只穿黑色高領毛衣和牛仔褲，臉上戴著圓框眼鏡。一有任何不滿，就會立刻投以銳利的目光質問對方，真的就跟傳聞說的一模一樣。

徵求「歧見」

賈伯斯致力追求優秀產品和服務的信念，也就是我提倡的「感動」，我認為兩者有異曲同工的地方。可是，我們的經營手法和扭轉局勢的方法，有著極大的差異。

我不是有領導者魅力的人，況且我一個人的力量太有限了。索尼要痛改前非、扭轉劣勢，必須打造出值得信賴的經營團隊。這個專業的團隊，每個人都要有不一樣的背景，以及不同的強項來互補不足。如此一來，成功扭轉劣勢的機率才會大幅提升。

這個道理是安德魯．豪斯和傑克．特雷頓告訴我的，安德魯就是我前面提到的安迪。他們陪我一起重建索尼電腦娛樂美國分社（SCEA）。安德魯是行銷專家，加入索尼以前曾在仙台教英文，說著一口流利的日文。傑克則是銷售專家。

我本來在音樂界服務，身分也是索尼音樂的員工，根本不懂如何經營電玩事業。他們在那個領域待過，也提供我相當寶貴的經驗。例如怎麼和沃爾瑪、玩具反斗城等大型零售商打交道，這些基本知識全是傑克教我的。

當年我轉戰電玩產業，SCEA 幾乎處於分裂狀態，員工還會互相扯後腿。帶領這樣一家企業實在太沉重了，好在有他們幫忙，我才能老實請教自己不懂的問題。這兩個人才是不可或缺的存在。

「不要不懂裝懂」是我的領導哲學。現在回想起來，要不是我認識了這些不同領域的專業人才，可能也不會有這種思維吧。另一個我很看重的哲學，就是「尋求歧見」。

顧名思義，就是徵求不一樣的意見。再怎麼優秀的人才，也不可能完全通曉某一個行業的所有門道。即便是某個領域的專家，也可以從其他人的意見中，思考出一些意想不到的創舉才對。

找出不會逢迎拍馬的專家為自己效力，我認為這是領導者必備的素養。因此，領導者必須建立出一種信賴關係，展現出你有傾聽歧見的雅量。同時，領導者要說出自己有負起全責的決心，用行動證明這一點。否則，大家不會說出「歧見」。

當年我才三十五歲，這些道理是安迪和傑克教我的。

更進一步說，「徵求歧見」這套經營哲學，來自於我幼年的經驗。我從小到大都在不同的國度生活，到任何地方都要適應新的文化，過去我學到的「意見」全都不管用了。

換句話說，我得廣納「歧見」才能適應新生活。從小我就明白，只要肯虛心接受不同的見解，一定會看到更寬廣的世界。每一次適應新生活，我都感受到自己的成長。

我第一次搬到紐約，在皇后區的住宅區第一次交到朋友時，也有這樣的感觸。小學四年級我搬回日本，體驗到日式教育和美式教育的差異，也有同樣的感觸。就讀國際基督教大學的那幾年，也有類似的體驗。因為國際基督教大學，確實呈現了所謂的多樣性。

徵求歧見、為我所用，這不只是我的經營哲學，更是我的人生軌跡。

徵求「出頭鳥」！

—索尼讓你大放異彩—

報紙上的求才廣告，標榜「徵求出頭鳥」（1969 年）。

過去索尼在報紙上刊過一則求才廣告，標榜「徵求出頭鳥」。索尼就是靠著吸收各種不同的人才，才成長到如此規模。

那是一九六九年刊出的廣告，正好是我在紐約住宅區第一次接觸到「歧見」的時候。所以，我無緣認識當時的索尼，但我猜索尼的求才哲學跟我的觀念是相通的。

我需要敢於提出歧見的人，而且要具備我缺乏的能力。我的經營團隊就需要那種專業的人才，而我心中也確實有中意的人選。那個人就是索尼網路通訊的社長，吉田憲一郎先生。

人才，企業最重要的資產

吉田先生比我大一歲，也比我早一年加入索尼。過去曾在索尼美國分社任職，也有在證券業務部門和財務部門服務的經驗。出井伸之先生擔任社長時，他還是社長室的室長。

我是先在音樂和電玩產業打滾，才接觸到母公司的業務。吉田先生跟我不一樣，一直都在索尼的核心事業服務。

不過，辭去社長室室長的職位後，他在二〇〇〇年自願加入索尼網路通訊（So-net）。那家企業對整個集團來說，是相當重要的子公司，但吉田先生離開了大家心目中的「主流」業務，而且是自願的。

後來，他在二〇〇五年當上So-net的社長，同一年該公司在東證新興市場上市（之後改在東證一部上市）。換句話說，他自願加入「非主流」的業務，累積深厚的經營實力。更重要的是，他在四十多歲就有這樣的特殊經歷，算是相對較早的。

光看吉田先生的資歷，就知道他是一個跟我截然不同的專家。事實上也的確如此。

我初識吉田先生時，正好兼任SCE和網路產品服務集團（NPSG）的副總裁。吉田先生率領的So-net公司，對NPSG而言是很重要的合作夥伴。

當時NPSG的經營團隊會定期聚餐，吉田先生也曾出席。每一次出席，他都會帶簡報供大家參考，主題是「考察索尼之現況」。當然，每一次的考察內容都不一樣，通常他會在乾杯之前簡單介紹內容。

吉田先生的每一份簡報，都精闢地掌握了索尼的現況，提出的對策也相當有說服力。一開始我只覺得這個人很好學，但我很快就明白，吉田先生很不簡單。

有這種感想的也不止我一個，事後我才聽說，上一任社長霍華德也很看重他的才幹，多次拜託他離開So-net，加入索尼的經營團隊。可是，吉田先生沒有同意。畢竟當時So-net成了上市企業，他認為自己有責任管好那家公司吧。

二〇一二年四月，我接下霍華德的社長大位後，決定將 So-net 轉為全資子公司。So-net 是上市企業，索尼直接在市場上收購其股票。

由於雙方都是上市企業，在交易完成之前必須謹慎行事，這段期間我也沒法找吉田先生詳談。

不當阿諛奉承的部下

成功轉為全資子公司後，我拜託吉田先生加入索尼的經營團隊。我記得，雙方就這個議題討論過好幾次。

「吉田先生，請你回歸索尼吧。跟我一起共組經營團隊，幫助我重振索尼好嗎？」

印象中，我是用這種說法表達自己的誠意。起初，吉田先生說他需要時間考慮一下。就算 So-net 轉為全資子公司，他還是放不下領導者的職責吧。吉田先生責任感很強，我可以理解他的想法。即使如此，我也非請他來幫忙不可。重振索尼這份大任，絕對少不了他的幫助。

吉田先生說的某一段話，讓我確信他就是我要找的人才。

「我不會當一個阿諛奉承的部下，我想說什麼就說什麼，沒問題吧？」

「那當然，我也希望你這麼做。」

吉田先生通曉財務知識，又有率領 So-net 的經驗，也深諳經營的門道。他不僅是一個專業人才，也具備我缺乏的能力。而前面那段對話，讓我感受到他是正直敢言的人。我也老實說出自己的感想。

「我會聆聽其他人的意見和歧見，接納跟我不一樣的見解。今後，有很多事情我們必須完成，可能也得做出艱難的決策。不過，有一點我能答應你，我一旦下決心就會貫徹到底，絕不會半途而廢，更不可能退縮。」

我直接對吉田先生表明心跡。

我多次詢問吉田先生是否願意回歸索尼，有一次他說，他必須報答索尼的恩情。儘管他離開索尼，建立了So-net的霸業，但我看得出來，他對老東家求好心切。

吉田先生一方面拒絕霍華德的邀約，一方面對我們提出索尼的考察和改善方案，實在用心良苦。

經過多次對談，我總算得到一位重要的夥伴了。那是二〇一三年十二月的事，我當上索尼社長也一年多了。吉田先生一開始擔任執行副財務長（CFO）和首席戰略官（CSO），很快就轉為財務長。顧名思義，他就是財務負責人，但他不只負責財務，還千方百計助我完成重振大業。

最幸運的是，吉田先生還帶了他的好夥伴十時裕樹來幫忙。十時先生和石井茂先生都是索尼銀行的創業元老，而石井先生本來在山一證券服務。我和他們不太有交集，但在集團內部也聽過他們的好名聲。

十時先生後來加入So-net，成為吉田先生的左右手，表現十分活躍。這位專家也具備我欠缺的專業和經驗。我聽說他不只是吉田先生的心腹，也敢於表達自己的歧見。換句話說，十時先生也是正直敢言的人。

二〇一八年，我將社長的重責大任交給吉田先生，十時先生便是他指派的財務長。這樣的人事安排，就如同我過去信任吉田先生，讓他獨攬財務大權一樣，吉田先生也對十時先生抱有同樣的期待。吉田先生器重的人才願意加入團隊，對我來說是天大的幸運。

十時先生擔任資深副總裁（SVP），負責掌管事業戰略、企業發展、企業轉型等業務，等於是重振索尼的參謀。後來還重整移動通訊事業，移動通訊也是索尼的一大隱憂。

主張不同才最好

經營團隊每半個月開一次例行會議，吉田先生會到我的辦公室，報告各項計畫的進度，同時互相交換歧見。

現在回過頭來看，老實說我和吉田先生意見分歧的狀況並不多。唯獨有一次，雙方的主張真的南轅北轍，那就是美國電子事業的戰略。

三星堪稱索尼最大的競爭對手，二〇一三年三星和百思買合作，發展出「店中店」的合作模式。亦即在百思買的店鋪中，特地安排一塊三星的專賣區，商品展示的效果遠勝過其他的廠牌。

索尼該不該效法呢？

我認為應該效法，吉田先生持反對意見。光是在百思買的店鋪內設立專賣區，就得耗費不少投資。因為只做一個小專區是沒用的，要真的做出一個店鋪中的店鋪，合乎「店中店」的概念才行。

吉田先生認為，從成本效益的角度來看，這麼做有太多不確定的要素。的確，這套方法能賣出多少電視和數位相機，要實際試過才知道。尤其電視事業尚在重整，二〇一三年也才剛過完，我們還不知道電視事業能否轉虧為盈。

我的主張是比較直覺性的。憑良心講，我認為吉田先生講得有憑有據。先說結論吧，最後我決定採用自己的做法。當年美國的家電零售商規模越來越小，Circuit City、CompUSA、RadioShack 等家電量販店逐一倒閉，西爾斯等百貨業也面臨經營困境。「亞馬遜效應」（Amazon effect）的浪潮，衝擊到美國各大經銷龍頭。

百思買是少數的倖存者，這代表要在美國賣家電，絕對少不了這個夥伴。就算三星已經搶占先機，如果我們不投資「店中店」，百思買會認為索尼不看重他們這個通路。

更進一步說，那時候索尼終於做出令人驚豔的產品了。我以前在音樂界打滾，也深知一個道理，商品才是一家企業的招牌。工程師滿懷驕傲做出來的產

百思買的「店中店」

品，要有店中店才能展示出最棒的一面。因為我們可以決定產品的展示位置和打光方式。

商品後方的各式線材，更是馬虎不得的重點。有些店鋪展示功夫做得很差，線材不但全都露在外面，甚至還纏在一起亂糟糟的。

設計師辛苦構思的美麗外觀，全給糟蹋了。我們應該示範給消費者看，讓他們知道商品買回家以後，怎麼擺設會更加美觀。店中店可以做到這種細節，既然我們提倡感動的理念，那麼關鍵就是要做到盡善盡美。

對索尼而言，商品等同於登台演出的藝人，必須發光發熱才行。我感謝吉田先生提出歧見，同時說出我決定執行的原因。最重要的是，我保證自己一定會負起全責。

吉田先生最了不起的一點是，雙方交換完意見後，一旦討論出了結果，他就會豪不猶豫地執行到底。

彼此的主張不同，才能琢磨出最恰當的答案。找到答案便不該拖延，理應盡快執行。

時刻傾聽歧見

我在管理經營團隊上有幾個大原則。首先，在議事過程中要互相交換歧見，並且要營造出一種能暢所欲言的氣息。要做到這些重要原則，有三大重點要時時留意。

第一，領導者要先專心聆聽別人的意見。我參加會議一向寡言，尤其會議剛開始時，我都盡量不說話。起初底下的人都以為，我是不懂電子業務才保持沉默，但我也不在意他們怎麼想。如果真的有我聽不懂的部分，我會老實說出來。

我之所以一開場不說話，主要是領導者搶先發言，其餘的人就不方便表示意見了。當然，有時候領導者不說話，現場會瀰漫一股怪異的寧靜氣氛。不要害怕那股寧靜，先醞釀出暢所欲言的氣氛才是首要之務。因此，領導者有必要保持沉默姿態。

我過去擔任社長時，一路相輔相成的「平井團隊」。

第二，要明定討論的期限。我討厭沒有結論的會議，但有些議題只討論一次不夠。遇到這種情況，要在會議上決定一個可執行的期限，讓大家在期限內討論出新進度。

第三，最後領導者要親口說出組織的方向，這也是領導者該盡的義務。方向決定好就不要左右搖擺，並且直截了當告訴大家，你會扛下所有責任。

剛開始站上領導地位時，有一點要特別留意，就是親口說出「你會負責」。說穿了，領導者的責任就是決定方向，並對自己的決定負責。

你要讓大家知道，你決定要做的事情

不會半途而廢。否則，沒人願意提供歧見。

責任是領導者要扛，決定好的事情不要出爾反爾，這種觀念也要灌輸給經營團隊的每一位成員。

有一次開會，好像是在我就任社長之前吧，我對新的經營團隊說道。

「拜託各位，千萬不要事後諸葛，如果你們認為我說得不對，可以現在當場指正我。」

所以，包含吉田先生、十時先生、今村先生、高木先生在內的經營團隊，都沒有這種亂放馬後炮的毛病。

拋售事業的痛苦抉擇

二〇一四年二月，我們做出了一個重大抉擇。為了改善連年虧損的電子部門，我們決定賣掉電腦事業，同時分拆電視事業。因此，必須另外再裁撤五千名員工。

賣掉「VAIO」電腦事業，尤其受到各方的關注。我們想方設法延續電腦事業的命脈，遺憾的是，當初的狀況實在無力回天。OS（作業系統）和半導體是決定電腦性能的兩大要素，而這兩大要素只能仰賴外部供應，沒辦法像電視那樣，做出不同於其他廠牌的特性。

當然，大伙討論時也各有歧見。我們也考慮過，是不是應該做出更高規格的產品，以專業人士為主要客群。我和吉田先生也再三議論，最後還是得出一個結論，索尼很難繼續做這門生意。其實我也明白，VAIO是索尼歷史上非常出色的產品。

實際上，索尼曾在一九八〇年代販賣過「HiTBiT」電腦，可惜銷量不佳，只好退出這個市場。一九九〇年代網路和電腦開始普及，索尼也再次考慮打入市場的可能性。

因為索尼起步比較晚，必須做出其他廠牌沒有的東西。AV（音響和影像技術）是索尼的一大強項，VAIO就是影音技術和電腦融合的產品，在當時算是相當劃時代的構想。VAIO的全文是「Video Audio Integrated Operation」（後來有改名）。

多虧這全新的概念，加上索尼引以為傲的影音技術，VAIO很快就成為索尼的主力事業，在競爭激烈的電腦市場當中，做出了不一樣的優勢。

不料，現在有一個不懂電子事業的社長，竟然要賣掉這個招牌商品。消息一出引來各方強烈的批判，某雜誌社還刊了一篇特別報導，標題也極為聳動，「索尼完蛋了！苟延殘喘的經營方式即將走到盡頭」。令人遺憾的是，那家雜誌社採訪的對象，都是被索尼裁員的人，報導並不客觀。

賣掉電腦事業一定會引來媒體批判，這我也有心理準備了。不過，那年夏天發生了一件令我很難過的事情。

前面也說過，我每年都會參加厚木科技中心的夏季慶典。我想知道那些工程師的心聲，所以那年也參加了。就在我舉起啤酒乾杯的時候，一名員工帶著家人來找我。

「平井先生，可以一起拍張紀念照片嗎？」

「好啊！」

只是拍照那還沒什麼，但那位員工說出了驚人之語。

「其實，我本來是開發電池的。也就是說，我的公司要被賣掉了。」

這下我真的無言以對了。不曉得他是抱著什麼樣的心情，來找我這個「裁員決策者」一起拍照。我到現在都還記得那位員工和他家人的表情。

鋰電池是索尼率先開發的技術，幾乎是索尼技術結晶的象徵。想當然，索尼的電腦產品也使用鋰電池。然而，電腦和鋰電池的差異性越來越小，韓國、中國大廠也逐漸崛起。

如何活用過去培養的技術和人才，在未來百尺竿頭更進一步呢？這是一個很艱難的判斷，最後我們只好賣給村田製作所了。

索尼是全球第一個將鋰電池實用化的企業，那位員工曾經參與那一份事業，想必也與有榮焉吧。VAIO的員工一開始也被質疑，為何都失去先機了才打入市場？但他們還是在競爭中殺出一條血路，成功做出了索尼產品的特色。這份經歷一定也是他們的驕傲。

我身為索尼集團的一員，工程師的驕傲當然也是我的驕傲。因此，裁員對我來說也是很沉痛的決定，沒有人願意做這樣的決定，但我不做的話，只是在拖延問題罷了。索尼的領導者不允許因循怠惰。

大家常批判我，他們說我是電子事業的門外漢，所以才能做出這麼冷酷無情的決定。老實說，我做出裁員的決定也是會心痛的。因為我時時刻刻提醒自己，我的任何決策都會影響到員工和他們家眷的人生。

員工當面對我說「我被你裁員了」，這種痛大概只有同樣裁員過的企業家才能體會。於是，我誠摯感謝那位員工過去的貢獻，並且詳細說明不得不這麼做的原因。當然，感謝和說明也挽回不了什麼，但這是我對員工該盡的禮數。

最終，日本產業夥伴買下了索尼的電腦事業。我們在交涉過程中，要求對方必須給予員工一定的待遇。

另外，也有其他企業打算買下 VAIO，但他們不肯答應善待員工的要求，像這種企業我們一開始就不打算接觸。即便有了補救的措施，大批員工被迫離開索尼，心中還是忐忑不安吧。

後來，VAIO 的總部設立在長野縣安曇野市，成為 VAIO 股份有限公司，那裡也是 VAIO 工廠的所在地。企業壽命不但得以延續，甚至還在短短兩年內轉虧為盈，現在也持續成長，彷彿要證明我們當初的決策是錯誤的一樣。

再重申一次，裁員我也很心痛，但該做的決定不能拖延。肩負經營重任的人一旦做出決定，尤其是正確的決定，那無論如何都要幹到底。

不要抱怨或找藉口，企業家必須拿出成果才行。不管受到何種批判都要拿出成果，這才是我該盡的義務。

與「懷舊」訣別

一九四六年五月七日，二戰結束過沒多久，索尼的前身東京通信工業便誕生了。據說一開始工廠很破舊，連個窗戶都沒有。頂多修理一些壞掉的收音機，用木桶和鋁製電極製作簡陋的電鍋，或是生產電力加溫坐墊。到了一九五〇年，才開發出第一款國產錄音機，終於朝音響大廠邁出第一步。後來的成長就不多提了，前面都介紹過了。

在索尼漫長的歲月中，有不少事業辛辛苦苦才經營成核心事業。這些核心事業中，VAIO是第一個被賣掉的。VAIO能有當初的規模，自然少不了許多前輩的付出，可以說是前人努力的結晶。

賣掉前人辛苦扶植的VAIO後，不少前輩對我提出各式各樣的「忠告」。有人寫信，也有人要求見我一面。我就老實告訴各位吧，那些會面要求，我都拒絕了，徹底來個相應不理。至於寄來的信件我大致看過，反正內容永遠都在貴古賤今，或是痛罵我不該輕忽電子事業。

事到如今講這些話，純粹是在緬懷過往罷了，甚至有人要求我們經營團隊退位。有的前輩還直接跑來公司，我基本上也不見他們。講句難聽一點的，我認為就是他們一直死抱著過去不放，才會造成現在問題叢生。

之後某位大德好言相勸，我才決定聆聽一下那些前輩的意見。實際聽完以後，我理解索尼的歷史極具價值，創辦人的智慧和訓示，也令人肅然起敬。只不過，我並沒有改變重振索尼的方針。

那些前輩把索尼打造成傲視全球的企業，對於他們的努力，我十二萬分佩服。這是我千真萬確的心聲，但偉大的成功經驗，有時候會阻礙日後的成長。當下的經營方針，應該由當下的領導者決定才對。

我剛加入索尼時，索尼已經是全球知名的電子大廠了。索尼的成功也象徵日本產業界的成功，但時代已經變了。一直用舊時代的榮耀來面對新時代，是不管用的。

我也不是否定電子事業的成功經驗。事實上，多虧前人留下大量的資源，我們才能開發更棒的產品和服務來感動消費者。良好的傳統固然該保留，但為了順應時代轉變，該做的改革還是不能免。我要做的，就只是這樣而已。

索尼的主角不是我，而是在第一線嘔心瀝血打拚的員工。我該做的是明示方向，然後為自己的決策負責。只不過還要再花一點時間，才看得到改革的成果。

第6章

重生脈動

觀影模式改變

如果你問我有沒有座右銘，我的座右銘是「Where there is will, there is a way」，也就是所謂的「精誠所至，金石為開」。尤其我跟海外的企業家對談時，他們積極實現願景的態度，實在令我自嘆不如。

過去我參加太陽谷峰會（Sun Valley Conference），我的好友里德・海斯汀（Reed Hastings）邀請我一大早去散步，這位里德・海斯汀正是網飛的創辦人。當時，網飛要朝海外發展，里德向我坦白進軍日本的意願，並尋求我的意見。

「日本的市場很特殊，過去我在音樂界待過，日本很重視在地的創作。光靠美國的電影和電視劇就想打入市場，我認為有困難。」

印象中我是提供這樣的建議。在我看來，里德其實也明白日本市場的特殊性，他專心聆聽我的說法，而且深表認同。

里德提出那個問題，並不是要跟索尼合作，純粹是徵詢好朋友的意見罷了。因此，我的答覆也很坦率。可是到頭來，索尼影視娛樂提供網飛各項影視創作，而網飛在二〇一五年成功打入日本市場。那種一鼓作氣果敢行動的態度，真的很了不起。

網飛、亞馬遜、Hulu 等影視串流服務，也改變了電影公司的經營方式。當然，製作觀眾想看的趣味電影，這個初衷是沒有改變的。相對地，影視創作的資產價值卻改變了。這也意味著商業模式大幅轉變。

去電影院享受大銀幕的價值依舊沒變，我也很喜歡去電影院。小學的時候，父親帶我去看史丹利．庫柏力克（Stanley Kubrick）執導的《二〇〇一太空漫遊》（2001: A Space Odyssey），那種感動我到現在都還記得一清二楚。同一部電影我反覆看了幾十次。

家用 VTR（磁帶錄影機）又多了一項「時間平移」的新價值。後來 DVD 和藍光普及，人們在家中使用大型液晶螢幕觀賞驚心動魄的電影，影視資產的價值也水漲船高。

下一個浪潮就是影視串流時代的到來。這會帶來何種變化呢？DVD和藍光這類實體影視產品的收益逐漸下滑。

索尼在一九八九年收購哥倫比亞影視娛樂，以此打入影視產業。大量的DVD和藍光影視作品，曾經為索尼集團帶來不小的收益。然而，影視的載體有了大幅度的轉變，必須重新檢討實體產品的收益性。

當時，我們重新評估收購哥倫比亞影視娛樂的商業價值，發現竟然有一千一百二十一億日元的價值減損。二〇一七年一月底，索尼宣布將認列這筆鉅額的損失。長年積弱的電子事業好不容易轉虧為盈，又是一記迎頭痛擊。

「東京交給你們了」

真的是一波未平、一波又起啊。不過，該做的事情已經非常清楚了，就是改變商業模式因應影音串流時代。

索尼影視娛樂擁有優秀的創作實力，如何在網路時代發揮這項優勢呢？我們不該把網飛視為競爭者，而是要當成合作夥伴。況且，最值得慶幸的是，當時經營團隊的制度也很完善了。於是，我對經營夥伴吉田先生說道。

「我得親自去重整索尼影視娛樂，大概有半年的時間我會待在美國，這段日子東京就交給你了。」

換句話說，我這個社長和執行長，要去洛杉磯專心整頓索尼影視娛樂。吉田先生便是那段時間的實質領導者。

各位可能會認為這是很大膽的決定，母公司怎麼可以放空城呢？但我一點也不擔心。吉田先生加入經營團隊已經三年多了，我對他信賴有加。而且我也深信，每一位成員都能各司其職。

吉田先生的答覆也很爽快。

「明白了，東京就交給我吧。」

於是，我前往洛杉磯的卡爾弗城（Culver City），那裡也是索尼影視娛樂的據點。我在比佛利山租了一間附帶家具的公寓，從一家人定居的舊金山郊外，開車搬到那裡生活。我平日往返於比佛利山和卡爾弗城，週末就回福斯特城，偶爾會到東京出差。

索尼影視娛樂舉辦公司大會，
歡迎安東尼・文西奎拉先生。

先說結論，我回東京的時間比預定的早。索尼影視娛樂原本的執行長麥可・林頓（Michael Lynton）先生退位以後，由安東尼・文西奎拉（Anthony "Tony" Vinciquerra）先生繼任，他有CBS

電視和福斯電視的工作經驗。

重振索尼的路程好不容易看到一絲曙光，結果又要面對一千億日元以上價值減損，這的確是沉重的打擊。不過，從實體販賣改成訂閱下載（持續付費），對索尼的電玩和其他相關產業來說，也是在奠定新時代的商業模式，有著十分重大的意義。

索尼基因

容我談一下更早前的話題，二〇一四年我們決定分拆電視事業，賣掉電腦事業，整個集團就朝重質不重量的方向走了。二〇一五年二月公布的第二次中期經營計畫，明示了這樣的經營態度。

第二次中期經營計畫和前一次最大的不同，就是不再以銷售額為主要目標。把銷售額當成主要目標，難免會朝擴大規模的方向走，這有重蹈覆轍的風險。我們必須昭告公司內部和外界，索尼放棄規模改走品質路線了。

ROE（股東權益報酬率）成了新的替代性指標，這個數字代表的意義是，企業有沒有善用股東交付的資金（股東權益）。我們預計三年後，股東權益報酬率要達到百分之十以上。為此，營業利益要超過五千億日元。

以股東權益報酬率為經營指標，是吉田先生的團隊提出的構想。吉田先生通曉財務，一再主張應該從股東的角度，來看待經營問題。現在索尼集團將貫徹這個方針。

套一句吉田先生的話，如果索尼的經營目標是創造感動，那麼股東權益報酬率就是經營的紀律。這裡的關鍵在於，追求百分之十以上的股東權益報酬率，終究只是一個經營目標，而不是目的。目的還是做出感動人心的產品和服務。

我想很多人誤會了我們的用意，所以也有不少的批判者認為，重視股東權益報酬率純粹是在討好投資人，並沒有創新的效果。

其實，股東權益報酬率只是一個指標，按照吉田先生的說法，那是表示紀律的數字。至少不是追求規模就能達成的指標，而是彰顯效率的東西。上上下下都必須了解這個概念，否則到頭來還是短視近利，一味追求銷售額和銷售數量的規模，那就本末倒置了。

本書多次提起東京通信工業的創立宗旨，並引用第一條公司成立目的「創造一個愉快的理想工廠」，而經營方針的項目中，第一條就直接點明「不要一味追求規模」。

換句話說，重質不重量一直深深烙印在索尼的基因裡，我們純粹是要重現這個理念罷了。遺憾的是，曾幾何時索尼忘掉了這個初衷。如今，我們在化解挑戰的過程中，注意到了這個理念的重要性，試圖找回過去的美德。

分拆所有事業

談回主題吧，我們不只追求整個集團的紀律，每一種事業的經營也該公開透明。分拆所有事業，就是要達到此一目的。電視事業已經獨立出去了，同樣的做法要套用到整個集團。電視公司就專心做電視，攝影和音響公司就專心做這兩樣東西。亦即用專精的方式，卸除不必要的累贅。

接下來，設定ROIC（投入資本報酬率）的目標值，檢視各項事業（各家公司）有沒有善用資本。不同事業會有不一樣的目標值，這也是分拆事業的原因之一。換句話說，銷售額和利潤不該是整個集團的共同目標。

我們之所以做這樣的決策，主要是索尼集團的事業範圍太大，不同事業的狀況也有極大的差異。因此，我們決定把所有事業分成三大類型。

第一類是「成長牽引類」，顧名思義，就是帶動索尼集團成長的事業。例如設備、電玩、電影、音樂即屬此類。成長牽引類要積極投入資本，做重點性的成長投資。

第二類是「收益穩定類」，好比數位相機這類的影像產品，還有攝影和音響事業。整個市場的成長性趨近飽和，但追求感動人心的品質，還是能做出不一樣的特色。要盡可能跟其他廠商的產品做出差別。

第三類是「事業變動風險控管類」，名稱聽起來不太好懂，簡單來說，這類事業跟「收益穩定類」相比，價格競爭十分激烈。要降低投入的資本，同時確保一定的獲利。最早分拆出去的電視、手機就屬此類。索尼過去以電子事業為重，電視更是招牌產品。只可惜，從整個集團的角度來看，這門生意不能再投入更多資本了，也實在是無可奈何的判斷。

事業分拆出去以後，要訂立不一樣的財務目標。各項事業脫離母公司，要對自己的營運負責。並且按照不同的經營指標，運用不同的方法持續成長。我要建立的就是這樣的集團營運方式。

意思是，索尼本身只留下經營企劃部門，還有一部分的管理部門和研發部門，成為短小精悍的公司。這也是吉田先生的主張。

談個題外話，三年後我向指派委員會推薦吉田先生，讓他成為下一任社長和執行長。我們一同思考各種大刀闊斧的改革方法，付諸實踐時也多有歧見。可以說，我們是兩人三腳的合作關係，我認為只有他足堪重任，想必各位也能理解我的決定。

未完的手機改革

我們致力追求感動人心的產品，做出壯士斷腕的改革決策，奉行重質不重量的信念來重振索尼。當然事後回過頭來看，並非所有改革都如預期般的順利。經營改革沒有終點，很多事情只能託付給下一代，其中一項就是手機通訊事業。

前面也曾提到，手機通訊事業被歸為事業變動風險控管類。但在二〇一二年，我當上社長一個禮拜後公布的經營方針，卻把手機通訊事業當成「必須強化的核心事業」。當年索尼有機會成為市占率第三，僅屈居蘋果和三星之後，所以手機通訊事業的銷售額目標訂為一兆八千億日元。

本來我們的計畫是，融合索尼的數位影像技術，還有電玩和音樂等創作實力，將手機通訊打造成一個龐大的事業，來呈現「One Sony」的概念。

過去功能型手機流行時，索尼和瑞典的愛立信合作有一定的成果。直到智慧型手機在日本普及，索尼難以做出有特色的智慧型手機，市占率越來越差了。

二〇一五年二月，手機事業被指定為第三類風險控管事業。然而早在三個月前，我就拜託十時裕樹先生重振索尼的手機事業，他是和吉田先生一起回歸索尼的人才。我只拜託他一件事，讓手機事業轉虧為盈就好。

十時先生決定發揮索尼高超的技術實力，改走高級化路線。由於中國的小米和華為技術崛起，手機界的差異性也越來越小，高級化可以擺脫這樣的趨勢。

比方說，二〇一六年發售的「Xperia X」，能夠預先判讀拍攝物體的動向，自動聚焦。同時也推出一系列的商品，提供消費者嶄新的使用體驗，好比高級耳機、投影機等等。

即便如此，手機還是很難做出明顯差異，只能在逆境中掙扎求生。媒體記者動不動就跑來問我，電視和手機事業怎麼不賣一賣？為什麼不趁早退出市場？

手機的市占率遲遲無法上升，我們之所以不放棄手機事業，主要是這門生意一旦放棄就很難重新打入。

我經常舉一個例子，除非我們能用心電感應的方式，和地球另一邊的人溝通（當然，我不知道這種時代會不會到來），否則注定要用某種工具來交流。人與人相處也不能沒有溝通，從這個角度來看，手機算是一門很普遍的生意。

溝通的工具也不僅限於智慧型手機，也許十年、二十年後，會有完全不一樣的東西，但同樣都是溝通的工具。現在索尼的手機事業，有足夠的技術和資產開闢未來，怎麼能因為現狀不佳就放棄？所謂普遍的生意，換個說法就是很有商機的生意，退出有商機的市場豈能算是正確的決定？

況且從過去的經驗來看，通訊業的經營模式會在某個時間點產生劇變，業界的龍頭也會換人。比方說，手機剛問世時，是摩托羅拉（Motorola, Inc.）、諾基亞（Nokia）、愛立信（Ericsson）分食大餅。到了一九九〇年代末期，日本開創 i-mode 技術，手機多了資訊傳輸功能。不料，二〇〇七年 iPhone 問世，史帝夫・賈伯斯發下豪語，說要重新定義電話。情況也真如他所言，整個業界的勢力版圖在短期內徹底翻轉過來。

那麼，下一波浪潮是什麼？未來會產生什麼樣的新商業模式？老實說，我看不透。但只要我們持續在這個產業努力，多方觀察蛛絲馬跡，或許有機會抓住下一波浪潮，成為業界的領導者。至少比撤退要來得強多了，我認為這個機會值得追求。

的確，現在索尼的手機市占率不高，經營也虧損連連。但光看眼前的困境就放棄未來的大好機會，我認為這是不對的。

打破舊習，培育新創

霍華德把索尼交給我的時候，索尼已經連續四年虧損了。電視是電子部門的核心事業，也是索尼的招牌商品，但電視事業也連續八年虧損了。因此就像我前面說的，我身為領導者最大的職責，就是重振這個積弱不振的企業。

也多虧有吉田先生和其他夥伴提供歧見，我總算找到了該走的路。二〇一五年度開始，索尼也轉虧為盈了。然而，壯士斷腕的改革和短期轉虧為盈，並不是重振企業唯一的目標。留給下一代更好的索尼，這才是經營團隊共同的願景。

我認為經營團隊真正的工作，是打造優良的組織文化，持續培育人才、技術資產、品牌名聲和顧客忠誠度，讓索尼長長久久成長下去。想要看到花朵綻放，就要先播下種子，悉心培育幼苗。這才是真正的重振事業。

更何況，成為一家感動消費者的企業，是我對員工的首要訴求。報章雜誌聚焦的拋售事業和裁員措施，只是實現這個目標的手段罷了。

艱困時只能重點投資特定的設備，但研究開發費用都會保持一定的水準。要做出感動消費者的產品，還是要付出合理的投資額度。有朝一日索尼成為感動消費者的企業，而這份感動也帶來利潤，重振索尼的大業才算大功告成。

我花了不少心力培育新事業的幼苗，請容我用一點篇幅介紹三大措施。

TS事業準備室

二〇一二年六月，也就是我剛當上社長的時候。時任研發主管的鈴木智行先生主辦了一場「研發成果展」，我親自前往厚木參觀。負責研發的工程師，在成果展上介紹了許多還沒商品化的新技術。會場充滿一股活潑的氣息，裡面擺了好多我沒見識過的技術樣品，真的是名符其實的寶庫。最吸引我的，莫過於「４Ｋ超短焦投影機」。

工程師在解答我的疑問時，雙目炯炯有神。一般來說，投影機要放大投影，必須擺在離牆面很遠的地方。不過，這一台樣品直接放在牆壁正下方，幾乎是往上垂直投影。畫面也沒有歪斜扭曲，從正面看就是漂亮的長方形。我又請教工程師，投影出來的畫面有多大？工程師說大約有一百吋，而且是４Ｋ畫質。工程師驕傲地介紹完以後，研發主管鈴木先生滿心歡喜地說，這一套新技術真的很厲害，一定要趕快做成商品賣出去。確實，全新的投影技術連我都為之驚豔。

事實上，那時候的市場並不適合冒險，但明知不可為而為之，才是索尼的風骨。過了幾個月，我又去厚木參觀改良的投影技術。只可惜，其他事業部門不贊成商品化的決策，那我這位社長只好親自推動了。

我指派執行長室的成員，繞過事業部安排所需的人才和計畫，幾個月後成立了「ＴＳ事業準備室」。那是二〇一三年三月的事情，有些新東西跳脫了傳統的商品類別，ＴＳ事業準備室的任務，就是孕育這些實驗性的商品。

ＴＳ事業準備室不屬於既存的任何組織，由社長直接管轄。不靠社長的權力庇護，沒辦法推動全新的事業。我立刻要求手代木英彥先生回東京，擔任ＴＳ事業準備室的室長，當時他在泰國擔任製造事業所的所長，過去有在相機事業服務的經驗。這個團隊的成員不多，全是集團內不同背景的專業人才。

之後，這個企劃由我親自管理，每個月我會召開會議聆聽進度，以開明的方式表達我的意見。基本上我尊重成員的創造性，我只當一個幕後推手。

差不多到了年底，ＴＳ事業準備室提出了「Life Space UX」的商品概念。換句話說，我們構思的商品，會以時尚風格融入消費者的生活空間（Life Space）。商品不再是單純的硬體，而是透過硬體提供豐富的體驗（User Experience）。

促使我成立ＴＳ事業準備室的新款投影機，也遵循這一項概念，將技術和造型設計發揮到極致。不啟動時就像純白色的漂亮家具，靜靜地散發出一股內斂的美感。

年關將近的某一天，我心想既然萬事俱備了，再來就只差臨門一腳吧。因此我找手代木先生商量，看能否在消費電子展上，公開 Life Space UX 的商品概念，還有那款4K超短焦投影機。正好，二〇一四年一月消費電子展將在拉斯維加斯舉行，我得在展場上發表重大演說。明明沒多少準備時間，我們卻決定採取行動。

接下來，整個團隊以驚人的速度準備演說內容，新年也沒放假，所有人都泡在拉斯維加斯準備，總算趕上了消費電子展。展示空間的設計風格，也很像一般家庭客廳。也多虧大家用心準備，Life Space UX 的商品概念大受好評。

TS事業準備室後來也推出各種振奮人心的商品，好比「玻璃音箱」、「可攜式超短焦投影機」等等。

那陣子，我才剛推動大幅度的改革，大環境也對我們不利。從收益的層面來看，新事業在整個集團當中根本微不足道，但我認為推動新事業，等於是對消費者和員工表明心跡，證明我們有信心，也敢放手挑戰全新的事物。TS準備室後來解散了，玻璃音箱等商品也歸事業部門管理。然而，這個熱血無比的經驗，化育了許多優秀的人才，這些人才目前也在索尼的各個領域大顯身手。

4K 超短焦投影機
「LSPX-W1S」
（2015 年）
放在牆邊，就能在客廳牆上投影出 147 吋的影像。

玻璃音箱「LSPX-S1」
（2016 年）
玻璃管發出清亮的共振音色，整個房間都聽得到美妙的音質。

可攜式超短焦投影機
「LSPX-P1」
（2016 年）
採用超短聚焦鏡頭，不占空間，可以在牆壁或桌面之類的場所投影。

有個祕密我很少提起，手代木先生提出的「ＴＳ」概念，真正的意義是「The Sony」。

加速開發種子事業

ＴＳ事業準備室剛成立不久，我也做了一些痛苦的改革措施，例如分拆電視事業、販賣電腦事業等等。輿論大肆批判，說我外行領導內行，會害索尼分崩離析。碰巧在那個時候，我們又推動另一項新事業的企劃。

名為「種子事業加速企劃」（SAP），也就是挖出被埋沒的新事業構想，將那些構想付諸實踐。之後，企劃改名為「索尼種子事業加速企劃」（SSAP），這裡我用 SAP 標示就好。

「這種新構想應該嘗試一下。」

「要做出大家都還沒見識過的新產品。」

「推出全新的構想，看看世人的反應怎麼樣。」

過去索尼的員工都有這樣的企圖心，不斷創造嶄新的商品和服務，這種氣魄才是索尼的基因吧。PlayStation 這門電玩生意也一樣，一開始也是半導體工程師久多良木先生，拉著音樂界的大前輩丸山茂雄先生共襄盛舉。沒想到，這項嘗試成了索尼的核心事業，沒有比這更痛快的創舉了。

索尼本來就有這種精益求精的基因。在我看來，現在這種基因消失了。只是，漸漸地我才知道自己看錯了。

我一直會跟基層員工餐敘，這我前面提過，主要是想聆聽基層員工的心聲，了解索尼實際的狀況。因此，召開餐敘的次數很頻繁。每一次參加者的年齡和所屬單位都不一樣，大多是三、四十歲的員工，畢竟他們是公司的中流砥柱。話題也沒有事先決定好，因為我想聆聽最真實的意見。但員工在社長面前，有些話總是不好意思說。所以，我會主動打開話匣子。

「最近，你們有什麼煩惱嗎？」

有人答話以後，發言的氣氛就越來越熱絡了。如此一來，我就能專心當個聆聽者。平常開會我也是這樣，社長盡量減少發言，才能聽到員工的歧見和心聲。

結果我發現，很多員工都有下面的煩惱。

「我是懷著夢想進入索尼的。無奈公司經營不善，就算我提出新的商品構想和企劃，上面的也只會說，現在不是做那種事情的時候。」

「我有新產品的構想，我相信構想本身不壞，但沒有人肯聽。」

「即使我想挑戰新的事物，也不知道該找誰商量才好。」

幾乎每一次餐敘，我都會聽到類似的煩惱和不滿。前面我多次提到，員工的內心都隱藏著高度的熱忱，餐敘上的對談也證明了這點。我一再見識到員工想要挑戰新事物的氣魄，力求創新的基因並未消失。明明有高度熱忱，卻在無意間被壓抑住，沒有人當一回事。

充滿創意和企圖心是很棒的事情，但也是一把雙刃劍。對於那些充滿幹勁和企圖心的員工來說，索尼或許成了一個很壓抑的環境。再這樣下去，有幹勁和企圖心的員工肯定會離開索尼，索尼會被優秀的人才拋棄。

我必須盡快想個法子才行。況且，難得員工有高度的熱忱，不好好活用也說不過去。就在這節骨眼上，剛好有人提出「廣納創意」的企劃，透過執行長室轉交給我。具體內容是，安排一套全新的制度，收集員工提出的新事業構想，並提供充足的支援，將那些構想化為真正的事業。於是，我趕緊找提案者來詳談。

提出這一份企劃的小田島伸至先生，隸屬於母公司的事業戰略部門，當年三十多歲，是該單位最年輕的成員。現在已經成為SAP的領導者，在公司內非常有名。

社長站在第一線

我向他請教種子事業加速企劃的詳細內容，現在的索尼正需要這樣的企劃。我給他三個月的時間思考實踐的方案，他積極收集公司內部的意見，每天下班還召集年輕的員工，關心他們無法嘗試創舉的原因。據說，新事業受阻的原因多達幾百種。大部分的原因，跟我在餐敘時聽到的一模一樣。

之後小田島先生來找我說明，我賦予他社長直屬部下的職銜。他不只有權收集公司內部的意見，還找來外部的創業人才召開選拔會，構思新事業的具體支援方案。

都準備好以後，我要求他立刻採取行動，SAP 就這樣誕生了。按照他的說法，這個企劃必須由我這位社長和執行長扶持，這一點非常重要，也跟索尼本身的沉痾有關。

過去索尼的社長推動新企劃，過半年大家就忘光光了，因為過去的社長只有下達指示，沒有親自參與其中。

奉命執行的人也很難獲得內部支持，到頭來就變成「非自願性的工作」。久而久之整個企劃就瓦解了，我也看過好幾個案例。

推動新企劃有重大意義，那就是解放索尼員工潛藏的熱忱，如此重要的企劃不能流於空談。我身為社長必須親自管理和參與，才有辦法打破公司內部守舊的風氣。只要大家知道我會認真對待，公司內部面對新企劃的態度也將截然不同。

最不可取的做法，就是推動新企劃以後，把事情統統丟給部下處理。這樣做的話，部下只會一層一層往下推，最後無疾而終。尤其組織的規模越大，領導者更應該表現出堅決推動的態度，組織才會真正開始運作。

像這種培育新事業的企劃，特別是製作硬體或產品的企劃，一定要真的做出樣品。麻煩的是，做這種東西的數量又不可能太大，年輕員工拜託研究中心或工廠製作，對方往往會推託「沒空」。

這一推託，整個企劃停滯不前，白白浪費時間。大企業推動新產品的事業之所以不會成功，多半都是這些因素造成的。

相對地，我去拜託負責生產的高階主管，事情很容易就談成了。當然，這看起來很像社長任性妄為，但在大企業推動新企劃，有時候還真不能小看這一層關係。因此，總部一樓內的「SAP 新創實驗室」，我也會盡量抽空前往。光是這麼做，員工就知道那是我認真推動的企劃。

實驗室中有製作樣品所需的3D列印裝置，以及雷射加工機，大家可以看到SAP的年輕成員究竟做了些什麼。我不只是要告訴員工，索尼有認真推動新事業的氣魄，我本人也非常喜歡聽員工聊起創新的話題。

在索尼這樣的大企業，要推動SAP類型的新創企劃需要極大的熱忱。小田島先生就具備這樣的熱忱，我得安排完善的體制，讓大家一起來共襄盛舉。

我一旦決定要做的事情，絕對不會半途而廢。小田島先生廣納基層員工的創意，我不只要支持他的熱忱，更要成功推動他的企劃。因此我拜託吉田先生，讓十時先生擔任這項企劃的顧問。十時先生過去在So-net，也培育過不少新事業，同時也有創立索尼銀行的經驗。換句話說，十時先生很清楚如何在一家大企業成立新的事業。

像 SAP 這種企劃會帶來嶄新的商品和服務，有機會參與其中，我想對十時先生來說也是很開心的事情吧。

培育與否決並行

另一方面，在培育新事業的過程中，有一個很討厭的工作又不得不做，那就是否決「沒有商機」的企劃案。否決員工的熱忱乍看之下很殘酷，但我認為這是非常重要的工作。

員工持續提出新的構想，許多構想都有無法推動的理由。好比缺乏市場、技術太前衛、資金不足等等，理由不一而足。真的無法推動就要嚴正拒絕，否則當

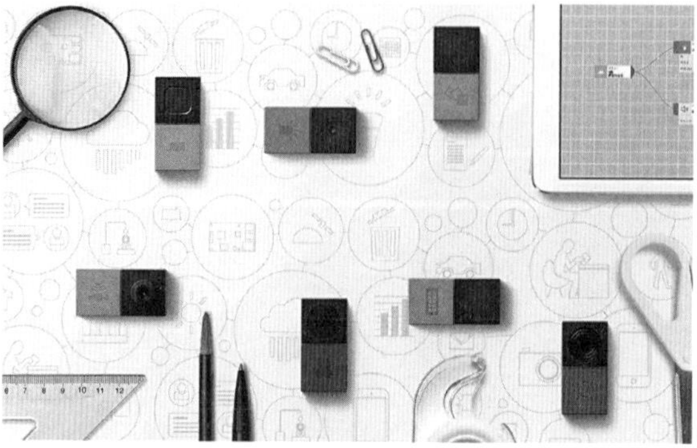

「MESH」智慧積木搭載程式設計的功能，實現使用者的創意。

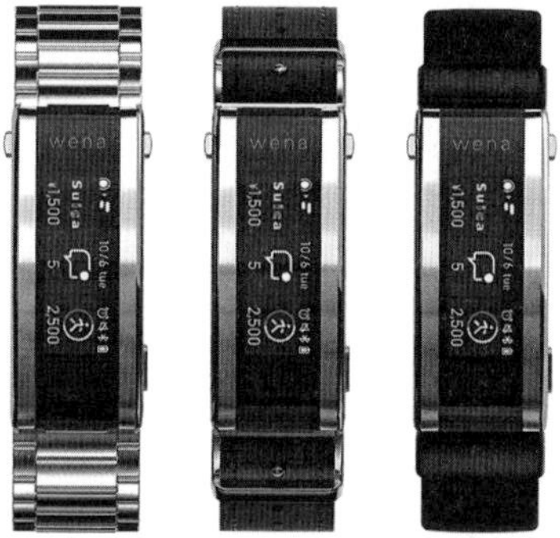

智慧手錶「wena」
外觀是手錶，還搭載了各式各樣的功能（照片是「wena 3」）。

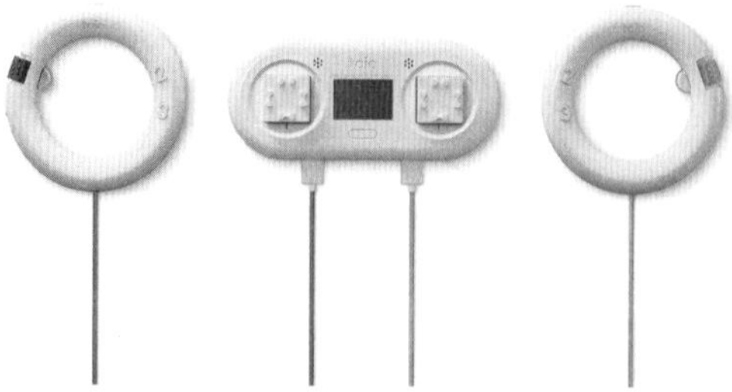

智慧遙控玩具「toio」
能夠刺激孩子創造力的全新遙控玩具

事人放不下執著，反而浪費人力和時間。

真的不行就乖乖放棄，找出問題所在，下次提出更棒的構想就好，這樣就有機會找到成功的途徑。況且，推動新事業本來就容易失敗。同樣都是失敗，早一點領悟失敗的原因，重新來過對大家都有好處。只要記取失敗的教訓再次挑戰，那麼失敗就再也不算失敗，而是找出缺失的一個過程。

SAP 於二〇一四年正式啟用，也有相當顯著的成果。截至二〇二一年三月底，成功推動的企劃共有十七件，每一件都孕育出全新的產品和服務。好比「MESH」智慧積木，具有程式設計的學習功用，另外還有智慧手錶「wena」。有這些代表性的成功案例，我相信索尼現在一定也充滿創新的熱忱。

對了，我還給小田島先生出了一個課題。

「不要只用 SAP 創造新事業，更要把這套制度當成新事業推銷出去。」

那陣子，媒體都在報導索尼經歷改革的陣痛，但年輕的員工已經注視著未來了，改革還有很長一段路要走。現在小田島先生有接不完的演講和專訪，我相信他一定能帶領大家繼續前進。

機器狗（aibo）復活

我擔任社長的那六年，後半段時間都在探討一個問題。從中長期的角度來看，索尼應該投入哪些事業？

母公司的團隊也加入探討，最後決定積極投入ＡＩ和機器人領域，甚至還成立了執行部門。

在「ＡＩ機器人事業集團」的努力下，犬型機器人「aibo」再次復活了。一九九九年索尼發售了一款「AIBO」犬型機器人，在二〇〇六年停止販賣。

到了二〇一六年，索尼宣布繼續開發機器人事業，並於隔年告知各大媒體，未來將推出新款式的「aibo」。這則消息出來各大電視台爭相報導，也引起廣大的回響。

跟那些工程師聊過以後，我認為加入ＡＩ應該能做出有趣的東西。但憑良心講，一開始我看到試驗機種，真的不覺得這東西有賣相，商品化的機率大概不到百分之五十。其他高層的意見也不太友善。

「再次販賣已經停產的玩意兒，那以前買 Aibo 的消費者不會火大嗎？」

「怪了，為什麼現在還要搞這玩意兒？」

「業績只是暫時變好，還不能大意吧。這時候不應該浪費錢。」

當然，我也很歡迎大家提出歧見。別說他們有疑慮了，我自己對於重新推出犬型機器人也有疑慮。

不過，在我看到高木一郎先生的反應以後，認為這項事業或許大有可為。高木先生也是經營團隊的一員。

前面也提過，高木先生和今村昌志先生一同重整數位相機事業。我剛當上社長時，最大的課題就是改善電視事業的營收。他們兩人替我指了一條明路，也是大伙公認的經營專家。

所有經營團隊的成員會定時召開會議。在一次經營會議上，有幾個議題留待討論，有人打算拿出機器人的試驗機種給大家看。高木先生率先表示懷疑，他沒想到公司內部還有人在做機器人。

實際啟動試驗機種以後，高木先生非常興奮，讚美之情溢於言表，連我們都看得出來。

想不到，這款機器人竟然有擄獲人心的魅力。當然，高木先生是公司內部的人，難免對自家公司的產品有所偏袒。可是，連經營專家都認同機器人的魅力，這代表機器人的魅力確實不同凡響吧。

率領開發團隊的是川西泉先生，他也是一位工程師，我們認識很久了。一九九五年我開始參與 SCEA 的業務，他被調到東京的 SCE 任職。PlayStation 2、PlayStation 3、PSP（PlayStation Portable）的開發他也有參與，對手機開發也做出了不小的貢獻。

二〇一六年夏天，新型 aibo 的開發企劃正式啟動。年底前我們就決定，要在二〇一七年十一月一日發布訊息，並於隔年的一月十一日發售。這兩個日期都有三個 ONE，ONE 和狗汪汪叫的聲音相近。

電玩、手機、數位相機事業的成員也有參與開發，川西先生原本就是電玩事業的人。要做出動作靈活的機器人，需要精密的致動器，數位相機也會用到這種東西。

另外，也少不了鏡頭和感測技術，來探測周遭的動靜。而ＡＩ就相當於機器人的「頭腦」，ＡＩ需要和雲端系統連動，機器人的動作才會自然又可愛。

我一再提倡「One Sony」的概念，新企劃完全符合了這種精神。由於開發期間較短，開發團隊承受了不小的壓力，但每個月聽他們報告進度，真的是很興奮的一件事。

滿心期待機器人事業復活的，想必也不止我一個。再次推出這種新奇有趣的商品，也是對消費者和市場發出明確的訊息，證明索尼已經不同以往了。我相信員工也會明白這麼做的意義。

在沉痛的改革過程中，員工很容易忘記，其實索尼有創新的本領。我希望開發機器人可以讓員工想起這一點，背後這層更深的用意，我認為切中了要害。

二〇一七年十一月，我和川西先生一起抱著新型的 aibo 參加記者會。我認為這是一個昭告天下的大好機會，索尼已經漸漸重拾往日的榮耀了。

我和川西先生一起參加 aibo 發表會（2017 年 11 月）

aibo 也如期在二〇一八年一月十一日的汪汪日販賣，機器人事業隔了十二年終於復活了。

過去我只用「感動」一詞，來形容索尼追求的目標，那一陣子我改用「最直接的感動」來形容。換句話說，消費者直接接觸到的產品和服務，要有震撼人類感官的魅力，才能真正感動人心。這才是真正的感動，也是索尼應該追求的核心價值。

aibo 有機會融入消費者的日常生活中，川西先生和其他開發團隊的成員，就是透過這款新型機器人，來表達「最直接的感動」。

當然了，川西先生和其他開發團隊的成員，在其他事業也十分活躍。

從機器人到電動車

拉斯維加斯每年都會舉辦消費電子展（CES®），過去又被稱為電腦展，現在比較像跨行業的科技大展。索尼每年也會設立大型展場，展示自家的商品和技術，宣揚公司的願景。我也會以執行長的身分參加展覽。

二〇二〇年消費電子展上，索尼展示了電動車的實驗車種「VISION-S Prototype」。

各大媒體看到這台電動車，也臆測索尼可能要打入電動車市場，但這純粹是實驗車種。

當時我早已卸下會長和社長一職，只當資深顧問而已。

因此，我也沒資格說得太多，總之開發這款電動車的，正是川西先生率領的AI機器人事業集團。沒錯，那個成功復活機器人事業的團隊，這次做出了電動車的實驗車種。

從機器人到電動車，這是非常驚人的創舉，我聽了川西先生他們的說明之後，也明白了這兩個事業的關聯。

電動車和小型機器人所用的零件差異很大，但新款電動車的特徵是搭載自動駕駛技術。

根據川西先生的說法，電動車和機器人的共通點，就是可以正確理解周圍的環境，自行做出適當的行動。

另一個關鍵的共通點是，這兩款產品都是「以人為本」。

不消說，車子必須遵照駕駛者的意志來移動，否則會有很大的問題。

馬自達稱之為「人馬一體」，更以這種概念創造出一系列的名車。現在開發

轟動消費電子展的 VISION-S Prototype

電動車和自動駕駛技術，也不能違背這個原則。

所謂的「以人為本」，關鍵在於一些很難量化或說明的感覺，電動車和機器人在這一點上也是共通的。

人類使用機械的時候，難免會產生不夠貼切合用的感覺，索尼打算使用各種高科技來弭平那樣的落差。

「以人為本」追求到極致，就能創造出「感動」的價值。

據說，現在汽車業正面臨百年罕見的劇變期。一八八〇年代，德國的戈特利布·戴姆勒（Gottlieb Wilhelm Daimler）和卡爾·賓士（Karl Friedrich

Benz）開發出了燃油車。

到了二十世紀初期，美國的亨利・福特（Henry Ford）以生產線的形式，大量生產了「福特T型車」。原本只屬於有錢人的交通工具迅速普及，也帶來一大商機。

索尼有意挑戰下一波百年罕見的革新浪潮，結果會如何我也不知道。不過，在那段辛苦的改革歲月中，我們種下了創新的種子。

吉田先生和其他經營團隊的成員辛苦培育種子，基層員工也努力讓種子開花結果，這一點我覺得很驕傲。身為索尼過去的領導者，我要對他們表達十二萬分的謝意。

前面我介紹了社長直屬的制度和企劃，這些制度和企劃，都是要留下一個更棒的索尼給下一代。好比Life Space UX企劃，將商品融入消費者的生活空間，帶來全新的體驗。SAP則是培育全新事業的創舉，至於開發機器人屬於長遠性的企劃。

當然，索尼還有提供其他管道，讓員工發揮他們潛藏的熱忱。全部寫出來的話，篇幅再多也不夠用，我先介紹這些就好。退出經營層後，聽到過去的同僚勇於挑戰新課題，對我來說也是無上的喜悅。

終章

畢業

全力衝刺的勇氣

每年在拉斯維加斯舉辦的消費電子展，是科技業年關剛過就要面對的重頭戲。我每年也以執行長的身分參加，在講台上宣揚索尼的新產品和服務，以及未來的願景。

二〇一七年的消費電子展在一月五日開幕，我們一月四日就召開記者會了。這也是每年的例行公事，用意是在開幕前召集媒體，好好花時間介紹當年度的重點商品。否則消費電子展一旦開幕，世界各地的媒體會散布在廣大的展場中。那一年，索尼推出了有機發光二極體電視，支援4K畫質。還有搭載高動態範圍技術（HDR）的家庭娛樂商品。這些都是索尼的一時之選。

新年假期我在舊金山郊區，享受天倫之樂。從自家附近的機場搭乘航班，大概飛一個多小時就會到拉斯維加斯，距離不算太遠。執行長室的室長井藤安博先生也同行，當他談起未來的經營方針時，我對他說出了下面這番話。

「先等一下喔，其實有一件事我已經思考很久了，我認為自己差不多該退下來了。」

井藤先生啞口無言，似乎非常意外。

「不會吧……！」

當時，我兼任社長和執行長快五年了。索尼是以中期經營計畫為主軸營運的，計畫通常是三年一期。如果我在那一年卸任，就等於是半途而廢。我沒那個意思，我是打算在一年多後的二〇一八年卸任。總之，他聽了相當震驚。

井藤先生管理執行長室，我跟他算老交情了。他也知道我下定決心以後，就不會改變心意，因此也表示諒解。

當年我五十六歲，卸下社長一職是早了些。不過，要交棒就得趁這一段時間了。雖然我身體還很健康，但實際幹過社長，我才知道社長一職有多辛苦。

一整年都要搭飛機跑遍世界各地，對大眾發表演說。我在前面也說過，親臨第一線對我來說有重大的意義，無奈負擔實在太大了。

更何況，社長做每一個決定都背負極大的壓力。會牽涉到交易對象和他們家人的生活，影響人數不下幾十、幾百萬人，社長要做的決定就是如此沉重。

「我有沒有勇氣繼續全力衝刺？」

在我決定掛冠離去之前，不斷問自己這個問題。不敢全力衝刺的人擔任領導者，對底下的員工也說不過去。

誠如前述，索尼的經營計畫以三年為一個週期。下一個經營計畫再過一年就要開始了，再拖下去就得多幹四年。這四年多的時間，我真的有辦法一直全力衝刺嗎……？

交棒給下一代也是領導者的重責大任。現在的索尼，跟我二〇一二年接下來的時候完全不一樣了。改革幾乎都實現了，索尼也踏上了成長的正軌。

然而，經營改革沒有所謂的終點。我要是找其他理由繼續當社長，權力會大到無人可及的地步，這是在斷送下一代人才的領導機會，非常要不得。索尼有很多優秀的人才比我更適合當社長，我不可以奪走他們的機會。

逆境中的領導者

其實我決定退位，還有一個比較私人的理由。現在改革已經告一段落，業績也有顯著的成長了，我卻再次陷入空虛的感覺。

沒錯，公司重回正軌，不需要我扶持了。

仔細想一想，這是我第三次重振企業了。先是SCEA，再來是SCE和索尼。儘管組織的規模和問題都不一樣，該做的事情也不一樣，但我的職涯中有三次臨危授命的經驗。就像我前面寫的一樣，多虧每一次都有優秀的夥伴幫忙，我才能做出成果。

每一次改革成功，我稍微放手不管，公司也會自行成長，但我都有一種難以言喻的感覺。也不是有什麼不滿，應該說這才是企業該有的模樣。只是從我個人的角度來看，繼續扶持改革成功的企業，已經沒有熱血沸騰的感覺了。

缺乏熱忱的領導者，就不是一個合格的領導者，這種人不應該繼續把持社長大位。

老實說，我也是第三次重振企業才注意到這問題。有一次我跟執行長室的成員喝酒，其中一名成員說中了我的痛處。

「平井先生，你遇到挑戰會主動跳進火海裡處理，平常反而都是交給別人是吧？」

這話說得很直接，卻也沒有說錯。的確，我似乎要遇到挑戰才會激發拚勁，挑戰降臨才是我發揮實力的時候。

可是，現在企業已經步上正軌了，承平時期我做得好不好？我自認經營得還算有聲有色，但我會客觀審視自己的能力和性格。比我更具領導能力的一定大有人在，事實上，索尼真的有很多領導人才。

接下來，索尼需要新的成長戰略，並且付諸實踐。這個全新的階段不該由我負責，這是我最真誠的想法。再重申一次，社長的決定會影響幾十萬人、幾百萬人的生計。既然我有這樣的認知，就該下定決心離開索尼才對。

我向妻子表明自己的心意，她說我既然下定決心了，那就去做吧。她也知道我一旦決定是不會改變心意的。

新時代的索尼

所幸，現在索尼蒸蒸日上，有一個人才很適合接下重任。那就是吉田憲一郎先生，陪我一路奮鬥的好夥伴。

吉田先生是個很優秀的經營者，而且跟我是完全不同的類型，我認為這對公司也是好事。吉田先生有卓越的財務知識和分析能力，社長和執行長的位置交給他，他一定會用截然不同的方法帶領索尼。

底下的員工看到新社長，也會了解背後的涵義。這意味著索尼今後會繼續求新求變。從某種意義上來說，這可以帶來刺激和挑戰意識。大企業的領導者更迭，也有這項重要的因素在。當然，我也直接告訴了吉田先生。

「你要推翻我的經營方針也沒關係，我不會多加干涉。」

權力要徹底交替，組織才不會僵化。當初我找吉田先生加入經營團隊，就是需要他的歧見。現在社長的位置交給他，他當然得做一些截然不同的事情。

於是，我在二〇一八年的四月，把社長和執行長之位託付給吉田先生。因為我不想多加干涉，本來我也不打算接下會長的職務。不過，吉田先生拜託我先擔任一年會長就好。一年後我只剩下資深顧問的頭銜。

而我也信守承諾，完全沒過問吉田先生的經營方式。如果擔任會長還要干預經營，那我又何必辭去社長一職？我和吉田先生有這樣的共識，但我必須盡快卸下會長職務，公司和社會大眾才能了解我的用心。

沒有了會長頭銜，我只剩下資深顧問這個閒職。大家常說，我才五十多歲而已，怎麼退得如此乾脆？其實，我不是要表現自己很乾脆，而是要讓所有人明白，現在索尼的領導者只有吉田先生。這背後還有一個涵義，索尼將在吉田先生的帶領下，加速飛躍成長。

好在索尼之後也成長得不錯，吉田先生發揮他的領導才能，揭示了嶄新的企業價值。未來索尼將以創新和科技實力，帶給全世界無比的感動。二〇二一年四月，他將索尼改名「索尼集團」，踏出了全新的一步。

已經沒有我該做的事了，我終於從索尼「畢業」了。

下一個夢想

我工作是為了生計，不是為了企業。辛苦工作是為了我的人生，為了我的家人。所以離開索尼以後，我也不太去公司了。但我身為資深顧問，偶爾還是得去公司一趟，了不起一個月一次吧。

離開索尼好一陣子，我都在休息充電，每個禮拜會做兩次重訓或游泳。過去忙著工作沒時間陪妻子，因此在疫情爆發之前，我經常帶她外出旅行。

我已經退出商業界了，未來也不打算回去，畢竟我找到新的目標了。世界上有許多貧苦的兒童，沒機會接受良好的教育，我認為自己或許能做點貢獻。目前日本兒童的貧困率為百分之十三．五，單親家庭貧困率為百分之四十八．一，狀況相當不樂觀。可以想見，疫情爆發後狀況只會更糟糕。

也不是單純捐錢就好。我在商業界打滾這麼久，好不容易練就了一身本事，我想建立一套慈善制度，讓有需要的孩子拿到錢。

我有一個醞釀已久的點子。比方說，舉辦慈善競標活動，得標者可以在蜘蛛人的電影情節裡，以客串演員的身分登台演出。或者，索尼音樂的藝人獻唱完以後，得標者可以到後台跟藝人合照。這些競標收益就用來救助貧困的兒童，讓他們有更好的受教機會。

這一套方法已經有先例了，澳洲索尼集團熱心公益，主要幫助有困難的年輕人，還開設了專門治療年輕癌症患者的設施。我去參訪的時候，很佩服他們想出了那麼棒的慈善事業。不依靠單純的捐獻，而是做出錢滾錢的制度，當然全是非營利的。

退出了商業界，人生並沒有結束。我還有很多事情想去做，原地踏步不是我的作風。

後記——消除貧困的願景

我寫這本書有兩個目的，第一個目的我在前言時也提過，我要讓大家知道重振索尼的關鍵是什麼。第二個目的跟我接下來的使命有關，我希望各位關心兒童貧困和教育機會不均等的問題。

誠如前述，日本兒童的生活狀況並不樂觀。貧困率百分之十三．五，意味著每七名兒童中就有一名生活貧困。一個三十五人的班級中，就有五名需要救濟的兒童。而單親家庭的狀況就更嚴重了。

貧困不只會造成知識、學歷上的差異，同時也會剝奪孩子累積寶貴經驗的機會，好比學習才藝，放假和家人外出旅行的機會。孩子會失去創造多元未來的想像力，連人生的選擇也被限制住。像這樣的貧富差距會傳給下一個世代，我們不解決這個問題，日本就沒有未來可言了，這可不是危言聳聽。

前面的章節我也提過，我是那種碰到大問題反而更有幹勁的人。現在我心中又燃起一股熊熊的鬥志，我要利用自己過去培養的知見，盡可能解決貧富不均的問題。

為了推動這個願景，我成立了「一般社團法人希望 PROJECT」。PROJECT 也有「投射」的意思，代表我想用希望來照亮未來。

當然正式活動還沒起步，但我所有的業外活動酬勞，包括撰寫這本書的稿費，全都會透過這個社團，捐獻給那些極力消除貧富差距的團體。因此，購買這本書的讀者也算間接支援我的公益活動。我衷心感謝各位。

這本書得以問世，要感謝許多大德的幫忙。日本經濟新聞社的杉本貴司編輯委員，對於本書的架構和內容提供了許多建議。日經ＢＰ的赤木裕介先生，還有索尼公關部門的成員，感謝他們幫我協調各方。

我能重振索尼，自然是得力於許多賢才的幫助，我也要借這個機會感謝他們。過去我參與電玩事業，多虧有丸山茂雄先生、久多良木健先生、佐藤明先生的支持。還有吉田憲一郎先生、十時裕樹先生和其他經營團隊的成員（平井團隊），感謝他們陪我一起領導索尼。索尼集團的所有員工，實踐了我們的計畫和願景，同樣功不可沒。執行長室的室長井藤安博先生和底下的祕書及成員，也謝謝你們陪伴我。

最後，我要感謝我的妻子。多虧有她的大力襄助，我才能全心全意打拚事業。再多的言語都無法表達我的感謝，真的很謝謝妳。

平井一夫

國家圖書館出版品預行編目資料

SONY 重生：非主流 x 破框架 x 去單一，首度完整直擊 One Sony 全球戰略的祕辛 / 平井一夫作；葉廷昭譯 . -- 初版 . -- 臺北市：三采文化股份有限公司，2023.05
面； 公分 . -- (iLead ; 10)
ISBN 978-626-358-060-2(平裝)

1.CST: 平井一夫 2.CST: 新力公司 (Sony Corporation) 3.CST: 企業經營 4.CST: 傳記 5.CST: 日本

494.1 112003321

◎封面圖片提供：iStock.com / rudall30

suncolor
三采文化集團

iLead 10

SONY 重生：

非主流 x 破框架 x 去單一，首度完整直擊 One Sony 全球戰略的祕辛

作者｜平井一夫　譯者｜葉廷昭
編輯二部 總編輯｜鄭微宣　主編｜李媁婷
美術主編｜藍秀婷　封面設計｜方曉君
版權選書｜劉契妙　內頁排版｜陳佩君　校對｜黃薇霓

發行人｜張輝明　總編輯長｜曾雅青　發行所｜三采文化股份有限公司
地址｜台北市內湖區瑞光路 513 巷 33 號 8 樓
傳訊｜TEL:8797-1234　FAX:8797-1688　網址｜www.suncolor.com.tw
郵政劃撥｜帳號：14319060　戶名：三采文化股份有限公司
本版發行｜2023 年 5 月 19 日 定價｜NT$420

SONY SAISEI HENKAKU WO NASHITOGETA ITAN NO LEADERSHIP written by Kazuo Hirai.

Originally published in Japan by Nikkei Business Publications, Inc.
Traditional Chinese translation rights arranged with Nikkei Business Publications, Inc. through Japan UNI Agency, Inc.

suncolor

suncolor